Tiemo Arndt

Hydrodynamische Kavitation zur Faserstoffbehandlung in der Stoffaufbereitung der
Papierherstellung

W0054248

Selbstverlag
TU Dresden
Institut für Naturstofftechnik
Professur für Papiertechnik

Schriftenreihe Holz- und Papiertechnik
Band 18

Tiemo Arndt

Hydrodynamische Kavitation zur Faserstoffbehandlung in der Stoffaufbereitung der Papierherstellung

Selbstverlag
TU Dresden
Institut für Naturstofftechnik
Professur für Papiertechnik

2016

© Institut für Naturstofftechnik, Professur für Papiertechnik
der TU Dresden
2016
Selbstverlag
TU Dresden
Institut für Naturstofftechnik,
Professur für Papiertechnik,
01062 Dresden
Herstellung: Sächsisches Druck- und Verlagshaus AG Dresden
Satz und Redaktion: M.Sc. Tiemo Arndt
Der Inhalt des Werkes wurde sorgfältig erarbeitet. Dennoch übernehmen Autoren,
Herausgeber und Verleger für die Richtigkeit von Angaben, Hinweisen und Ratschlägen
sowie für eventuelle Druckfehler keine Haftung.
Hergestellt in Deutschland.
Made in Germany.
ISBN 978-3-86780-495-0

Titelbild: Kavitationsdüse nach Heller

TECHNISCHE UNIVERSITÄT DRESDEN

Fakultät Maschinenwesen Institut für Holz- und Papiertechnik Professur für Papiertechnik

Hydrodynamische Kavitation zur Faserstoffbehandlung in der Stoffaufbereitung der Papierherstellung

Der Fakultät Maschinenwesen der Technischen Universität Dresden
Zur Erlangung des akademischen Grades Doktoringenieur (Dr.-Ing.)
vorgelegte Dissertation

von

Dipl.-Forstw./M.Sc. Wood Science Tiemo Arndt

geboren am 08. September 1978 in Blankenburg/Harz

Tag der Einreichung: 11.03.2016
Tag der Verteidigung: 24.06.2016

Gutachter: Prof. Dr.-Ing. Harald Großmann (TU Dresden)
                         Prof. Dr.-Ing. habil. Winfried Heller (HTW Dresden)

Vorwort und Danksagung

Die vorliegende Arbeit entstand im Zeitraum von 2011 bis 2016 am Institut für Zellstoff und Papier der Papiertechnischen Stiftung (PTS-IZP), Heidenau. Grundlage der Arbeiten bildeten zwei Forschungsvorhaben, die über Programme des Bundesministeriums für Wirtschaft und Energie (BMWi) finanziert wurden. Zum einen das im Rahmen des Programms zur Förderung der industriellen Gemeinschaftsforschung (IGF) durchgeführte Forschungsvorhaben IGF 16817 BR „Ablösung des mechanischen Mahlprozesses in der Stoffaufbereitung durch hydrodynamische Modifikation von Zellstofffasern" und das im Rahmen des Programms "Innovationskompetenz Ost (INNO-KOM-Ost)" durchgeführte Forschungsvorhaben IK-MF 130094 „Hydrodynamische Oberflächenbehandlung von Recyclingfasern in einer Kavitationsdüse für eine verbesserte DIP-Stofferzeugung".

Die Bereitstellung der finanziellen Mittel durch das BMWi und die Unterstützung durch die Papiertechnische Stiftung, die mir trotz beruflicher Verpflichtungen immer wieder die Möglichkeit eingeräumt hat, an der Thematik zu arbeiten, gestattete erst das Zustandekommen dieser Dissertation. Daher sei diesen beiden Institutionen hier besonders gedankt. Namentlich möchte ich mich vor allem bei Dr. Klaus Erhard bedanken, der mir seit Beginn meiner Tätigkeit an der Papiertechnischen Stiftung ein Höchstmaß an wissenschaftlichem Denken vermittelt hat. Aber auch meinen derzeitigen und ehemaligen Kollegen Dipl.-Ing. Lutz Hamann, Dipl.-Ing. (FH) Manuela Fiedler, Dipl.-Ing. Tobias Brenner, Dipl.-Ing. (FH) Jens Kretzschmar sowie allen Mitarbeitern der Abteilung Faserstofftechnologie gilt besonderer Dank, da sie mir immer mit fachlichem Rat und Hilfe zur Seite standen. Nicht zuletzt möchte ich mich bei Prof. Dr.-Ing. Harald Großmann für die Betreuung seitens der Fakultät Maschinenwesen bedanken und bei Prof. Dr.-Ing. habil. Winfried Heller, der mir bedenkenlos einen Versuchsstand für erste Vorversuche zur Verfügung stellte und im Folgenden auch seine Bereitschaft zur Übernahme eines Gutachtens erklärte.

Über die Dauer der Jahre und in auch in Anbetracht eines möglichen Scheiterns war ein großer Antrieb an das Gelingen der Dissertation zu glauben, dass Gespräche mit Firmenvertretern aus der Papierherstellung und dem Maschinenbau immer Impuls waren, um offenen Fragestellungen nachzugehen. Sicher war auch die Übergabe von Reiseunterlagen und Protokollen des VEB WTZ der Zellstoff- und Papierindustrie Heidenau nicht nur ein Kuriosum, sondern auch Motivation weiter an der Thematik zu arbeiten, da sie spannende Einblicke in die Entwicklungen der Kavitationstechnologie in der ehemaligen UdSSR boten.

Daneben muss erwähnt werden, dass Ablenkung von den beruflichen Belangen ein wichtiger Baustein war und ist, um sich immer wieder zu fokussieren und Schwerpunkte im Leben setzen zu können. Meine Familie ist hier wohl der wichtigste Anker. Meinen Kindern dürfte ich außerdem Vorbild mit dem Verfassen der Dissertation in Sachen Durchhaltevermögen gewesen sein. Enttäuscht habe ich sie in diesen Belangen sicher nicht. Daher bedanke ich mich vor allem bei ihnen und meiner Frau für das unerschütterliche Vertrauen. Leider konnte ich es nicht immer bestätigen.

Dresden, März 2016

Inhaltsverzeichnis

I   Abbildungsverzeichnis

II Tabellenverzeichnis

III Abkürzungsverzeichnis

Abb.	Abbildung
AP	Altpapier
BCTMP	bleached chemo-thermo mechanical pulp (engl.), gebleichter Hochausbeutefaserstoff mit chemisch-thermischer Vorbehandlung
BW	Berstwiderstand
CSF	Canadian Standard Freeness
CUEN	Kupferethylendiamin
DIP	de-inked pulp (engl.), Papierfaserstoff aus Altpapier für grafische Papiere
DL	Durchlauf durch Kavitationsdüse
DOMAS	Digital optisches Mess- und Analyse System
DSC	Differential scanning calorimetry (engl.), dynamische Differenzkalorimetrie
ECF	elementary chlorine-free (engl.), gebleicht, ohne elementares Chlor
fines(n)$_c$	Feinstoffanteil, anzahlgewichtet
Gl.	Gleichung
GR525 °C	Glührückstand bei einer Temperatur von 525 °C
GSP	große Schmutzpunkte (Schmutzpunkte > 50 µm)
GVZ	Grenzviskositätszahl
hd. Kav.	hydrodynamische Kavitation
HYP	Hyperwäsche
ID	Ink Detachment (engl.), Druckfarbenablösung
IE	Ink Elimination (engl.), Druckfarbenentfernung
KF	Kurzfaserzellstoff
LC	low consistency (engl.), niedrige Stoffdichte
LF	Langfaserzellstoff
L(l)$_c$	Faserkonturlänge, längengewichtet
L(l)$_w$	Faserkonturlänge, massengewichtet
mA	Flächengewicht
otro	Ofen trocken

PES-Na	Natrium-Polyethylensulfonat
PF	Papierfabrik
Poly-DADMAC	Polydiallyldimethylammoniumchlorid
PTS	Papiertechnische Stiftung
Ref.	Referenz
SD	Stoffdichte
SEC	Specific edge load (engl.), spezifische Mahlkantenbelastung
SRE	Specific refining energy (engl.), spezifische Mahlungsenergie
SR	Schopper-Riegler
Tab.	Tabelle
Tab.-A.	Tabelle im Anhang
WRV	Wasserrückhaltevermögen

IV Formelzeichen und Indizes

Formelzeichen

a	[m/s]	Schallgeschwindigkeit
C_c	[-]	Kompressionskoeffizient
C_d	[-]	Durchflusskoeffizient
d	[m]	Durchmesser
f	[Hz]	Frequenz
g	[m/s^2]	Erdbeschleunigung
ID	[%]	Ink Detachment
IE	[%]	Ink Elimination
K	[m^2/kg]	dichtebezogener Lichtadsorptionskoeffizient
l	[mm, m]	Länge
p	[bar]	Druck
p_v	[bar]	Dampfdruck
P	[kW]	Leistung
r	[m]	Radius einer Blase
R	[%]	Reflexionsfaktor
Re	[-]	Reynoldszahl
Q	[l/min]	Volumenstrom
S	[m^2/kg]	dichtebezogener Lichtstreukoeffizient
T	[°C, K]	Temperatur
t	[s, min]	Zeit
U	[V]	elektrische Spannung
V	[l, m^3]	Volumen
Z	[Ω]	elektrischer Widerstand
v	[m/s]	Geschwindigkeit
α	[°]	Erweiterungswinkel
β	[-]	Durchmesserverhältnis

$\hat{y}$	$[x_g]$	Amplitude der Beschleunigung
γ	[N/m]	Oberflächenspannung
ε	[W/kg]	volumenbezogenen Leistungsdichte
η	$[kWh/t*\%^{-1}]$	Deinking Effizienz Index
σ	[-]	Kavitationszahl
σ'	[-]	Kavitationszahl für Superkavitation
ρ	$[kg/m^3]$	Dichte

Indizies

A	Querschnittsfläche
B	Blase
F	Flüssigkeit
jet	Microjet
m	melting (zu Schmelztemperatur T_m)
max	maximal
Start	Start
0	Beginn/Anfang
∞	unendlich

1   Einleitung und Zielstellung

Die Herstellung von Papier geht auf Cai Lun um 105 n. Chr. in China zurück. Mit dem technischen Fortschritt der industriellen Revolution ab 1850 begann eine rasante Steigerung der Produktivität in der Papierherstellung, die dazu geführt hat, dass heutzutage Papiermaschinen mit einer Breite von bis zu 10 m und einer Geschwindigkeit von 2.000 m/min hochwertige Papierqualitäten herstellen. Maßgeblich dafür war die Verfügbarkeit von ausreichenden Mengen an geeigneten Faserstoffen durch den großtechnischen mechanischen und chemischen Aufschluss von Holz. Gleichzeitig hat sich mit der Entwicklung von Sammel- und Sortiersystemen ein Markt für Altpapier gebildet, der zu deutlich günstigeren Preisen Faserrohstoffe verfügbar macht, so dass in Deutschland eine Altpapiereinsatzquote im Jahr 2013 von 74 % erreicht wurde und Altpapier zum wichtigsten Rohstoff geworden ist [1].

In jedem Fall muss aber, um die geforderten Papierqualitäten hinsichtlich Festigkeit, Oberflächeneigenschaften und optischen Eigenschaften zu erzielen, eine aufwendige Stoffaufbereitung aus Stofflösung, Stoffreinigung, Sortierung und gegebenenfalls Mahlung erfolgen. Bei einem durchschnittlichen Energieverbrauch von 2.900 kWh/t in der Herstellung von Papier werden etwa 820 kWh/t an Strom benötigt [1], wovon je nach Rohstoff etwa die Hälfte für die Stoffaufbereitung aufgebracht werden muss [2]. Da der Anteil der Stromkosten an der Bruttowertschöpfung damit über 14 Prozent liegt, zählt die Papierindustrie laut §§ 40 ff. EEG zu den energieintensiven Industrien. Es besteht hier also ein hoher Innovationsdruck, um die Produktions- und Energiekosten zu senken.

Als erste Branche hat die Papierindustrie dazu im Jahre 2011 in der „CEPI Roadmap 2050" einen Plan aufgestellt, wie bis zum Jahr 2050 im Vergleich zum Bezugsjahr 1990 der Energieverbrauch um 80 % gesenkt und die Wertschöpfung um 50 % gesteigert werden soll. Um dieses Ziel zu erreichen, müssen bahnbrechende Technologiewechsel (`breakthrough technologies`) im Bereich der Trocknung, Vlieslegung und Stoffaufbereitung etabliert werden. Allerdings lässt das schwierige wirtschaftliche Umfeld mit sinkenden Umsätzen und Verkaufszahlen sowie Stilllegung von Maschinen es kaum zu, dass in Forschung und Entwicklung investiert wird. Vielmehr reduziert sich der Zeitraum, in dem sich eine Investition amortisiert haben muss, von vormals Jahren hin zu wenigen Monaten.

In diesem Umfeld ist der Bedarf nach einfachen Prozesslösungen, die mit minimalem Energieaufwand eine hohe Stoffqualität bereitstellen, sehr groß. Insbesondere für die Aufbereitung von Altpapier ist in den vergangenen Jahrzehnten die Nutzung von Hochleistungsultraschall vielfach untersucht worden. Im Ergebnis konnte eine Festigkeitssteigerung ohne Faserkürzung und eine bessere Ablösung und Zerkleinerung von Druckfarben erreicht werden. Gerade mit der zu beobachtenden Verschlechterung der Altpapierqualität bei gleichzeitiger Zunahme von immer schwerer zu nutzenden Papieren mit vernetzten Druckfarben wäre damit eine wirksame Möglichkeit gefunden, um die Mahlung und Reinigung der Faserstoffe effektiver zu gestalten. Allerdings waren bisher der Energieeinsatz und die Instandhaltungskosten für die dafür notwendigen Sonotroden viel zu hoch. Zudem ist es schwer, die geforderten Durchsatzleistungen zu realisieren. Die Wirkung des Ultraschalls ist dabei auf die Entstehung akustischer Kavitation zurückzuführen. Kavitation kann aber viel einfacher durch Venturi-Düsen erzeugt werden. Die Erzeugung von hydrodynamischer Kavitation in Venturi-Düsen wird in der Aufbereitung von Abwasser und Klärschlamm schon länger genutzt. Für die Faserstoffaufbereitung liegen aber bis auf wenige Untersuchungen [121] keine weiteren Erkenntnisse zu deren Nutzbarkeit vor.

Ziel der vorliegenden Arbeit war es, Fluideigenschaften und Prozessbedingungen zu ermitteln, die eine möglichst effektive Erzeugung hydrodynamischer Kavitation in Faserstoffsuspensionen zulassen und diese auf deren Nutzbarkeit in der Papierherstellung zu bewerten. Dabei sollte untersucht werden, welche Bindungsformen durch Kräfte der hydrodynamischen Kavitation in der Faserstruktur verändert werden können. Darauf aufbauend sollte ermittelt werden, wo Reaktionen innerhalb der Faserstruktur ablaufen können und welche Prozesse der Stoffaufbereitung durch hydrodynamische Kavitation möglichst energieeffizient unterstützt werden können.

Um die Zusammenhänge zwischen den Anforderungen darzustellen, die in der Stoffaufbereitung erfüllt werden müssen, wird daher in Kap. 2 vorerst ein Überblick über den Stand der Technik in der Aufbereitung von Faserstoffen für die Papierherstellung gegeben. In Kap. 3 werden anschließend anhand der Grundlagen zur Blasenbildung und des Blasenverhaltens mögliche Vorgänge in der Nutzung von kavitierenden Strömungen für die Stoffaufbereitung abgeleitet und bisherige Arbeiten dazu diskutiert. Aufbauend darauf wurden die Arbeitshypothesen und der Lösungsweg in Kap. 4 entwickelt. Das konkrete Vorgehen und die genutzten Methoden zur Charakterisierung des Kavitationsverhaltens sowie der Faserstoff- und Papiereigenschaften werden in Kap. 5 erläutert. Im Folgenden ist die Darstellung der Ergebnisse in drei Kapitel aufgeteilt. Dazu werden in Kap. 6 zuerst Ergebnisse zur Bewertung der Kavitationsintensität vorgestellt, um im Anschluss in Kap. 7 auf die Wirkung hydrodynamischer Kavitation auf Faserstoff- und Papiereigenschaften einzugehen. Die konkrete Anwendung und Möglichkeiten des Einsatzes hydrodynamischer Kavitation in der Stoffaufbereitung von altpapierhaltigen Verpackungspapieren und grafischen Papieren ist Gegenstand des Kap. 8. Die Diskussion der Ergebnisse im Kontext anderer relevanter wissenschaftlicher und technischer Kenntnisse wird in Kap. 9 vorgenommen, bevor eine Zusammenfassung und ein Ausblick in Kap. 10 gegeben werden.

2 Faserstoffe und Stoffaufbereitung in der Papierherstellung

2.1 Aufbau und Zusammensetzung des Holzes

Der überwiegende Teil der eingesetzten Faserstoffe zur Papierherstellung wird aus Holz unterschiedlichster Baumarten gewonnen. Baumart, Herkunft und Klima sowie das Aufschlussverfahren aus dem Holzverbund bis hin zur Einzelfaser bestimmen die Grundeigenschaften und den Einsatz der Fasern in der Papierherstellung. Bezogen auf die Baumart ist zwischen Nadelholz- und Laubholzfasern zu unterscheiden. Nadelhölzer bestehen zu 90-95 % aus Tracheiden, die eine Länge im Mittel von 1,8-2,5 mm aufweisen. Diese einzelnen Holzzellen sind Fasern, die aus dem Holzverbund im Zuge des Holzaufschlusses herausgelöst werden. Den übrigen Anteil bilden im Nadelholz Harzzellen und Parenchymzellen. Laubhölzer sind deutlich komplexer aufgebaut. Im Laubholz findet man 40-60 % Libriformfaser (Tracheiden), die mit 0,5-1,5 mm wesentlich kürzer sind als die vergleichbaren Holzzellen im Nadelholz. Daneben enthalten Laubhölzer 20-40 % Gefäßzellen (Tracheen), die für den Stofftransport verantwortlich sind und von der Morphologie vielgestaltig sein können, jedoch weniger faserförmig sind und ein geringes Bindungspotential im Papier aufweisen und damit häufig störend wirken. Außerdem findet man in Laubhölzern 10-30 % Parenchymzellen, die der Stoffspeicherung dienen.

Nicht nur die morphologischen Eigenschaften der Holzarten sind verschieden, sondern auch deren chemische Zusammensetzung und damit auch das Eigenschaftspotenzial in der Papierherstellung. Die Hauptbestandteile des Holzes sind Cellulose (39-45 %), Lignin (22-31 %) und die Hemicellulosen (20-32 %).

Die Cellulose lagert sich hierarchisch organisiert zu verschiedenen Strukturebenen zusammen. Dazu wurden verschiedene Modelle entwickelt. Die verbreitetste Vorstellung ist, dass die Mikrofibrillen mit einem Durchmesser von 16-20 nm als wesentliche Strukturelemente der Zellwand anzusehen sind [3]. Ihre Orientierung variiert dabei innerhalb der Zellwandschichten. Die Mikrofibrillen setzen sich aus Elementarfibrillen mit einem Durchmesser von 2-4 nm zusammen. Diese bauen sich wiederum aus den Cellulosekettenmolekülen auf. Dabei bilden etwa 2.000 ß-D-Glukopyranoseeinheiten eine Cellulosekette. Die hoch geordneten kristallinen Cellulosestränge werden partiell durch amorphe Regionen unterbrochen. Die Räume zwischen den Mikrofibrillen, die Interfibrillarräume, sind zudem mit Lignin und Hemicellulosen inkrustiert. [4, 5]

Vor allem die Eigenschaften der Hemicellulosen in Laub- und Nadelhölzern sind ursächlich für das unterschiedliche Bindungspotenzial im Papier. Nadelhölzer enthalten überwiegend Glucomannan und deutlich weniger Glucuronxylan als Laubhölzer. Der hohe Anteil an mit negativen Ladungsträgern substituierten Glucuronxylan im Laubholz hat zur Folge, dass Laubholzzellstoff eine höhere negative Ladung aufweist und dadurch das Quellungsverhalten und die Wechselwirkungen mit kationischen Additiven stärker als die im Vergleich mit Nadelholzzellstoff sind.

Die Tracheidenzellwand zeigt eine charakteristische Schichtung und Verteilung der Grundbausteine (Abb. 2-1). Die Schichten unterscheiden sich in der Ausrichtung der Fibrillen und der stofflichen Zusammensetzung. Die äußerste Schicht wird als Mittellamelle bezeichnet. Sie besteht vorwiegend aus Lignin und Pektin. Die Dicke der Mittellamelle schwankt zwischen 0,5 µm im Frühholz und 1,5 µm im Spätholz. In der Primärwand ergeben die Mikrofibrillen eine Streuungstextur, die mit Lignin inkrustiert ist. Die ist 0,1-0,2 µm dick.

Die Sekundärwand S1 besteht vor allem aus Cellulose und Hemicellulosen. Die Mikrofibrillen zeigen eine parallele Anordnung in einem Winkel von 60-80° um die Faserachse. Die Sekundärwände S2 und S1 sind zusammen bis zu 10 µm stark und bestimmen wesentliche Eigenschaften der Fasern. Sie besteht aus etwa 60 % Cellulose, 27 % Lignin und 13 % Hemicellulosen. Hier ist der überwiegende Teil des in den Fasern enthaltenen Lignins lokalisiert. Die Mikrofibrillen sind in parallelen Lamellen in einem Winkel von 10-30° um die Faserachse ausgerichtet. In der Tertiärwand sind die Mikrofibrillen weniger streng parallel angeordnet. Es finden sich Regionen mit Streuungstextur. Die Tertiärwand besteht zum Großteil aus Cellulose und Hemicellulosen. Der Tertiärwand kann eine Warzenschicht aufliegen.

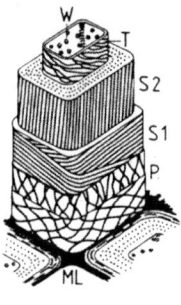

ML   Mittellamelle

P   Primärwand

S1   Sekundärwand 1

S2   Sekundärwand 2

T   Tertiärwand

W   Warzenschicht

Abb. 2-1:   Anatomischer Aufbau des Holzes [4]

2.2 Faserstoffe der Papiererzeugung: Aufschlussverfahren und Eigenschaften

Die für die Papierherstellung eingesetzten Faserstoffe werden in Primärfaserstoffe, Sekundärfaserstoffe (Altpapier) und Sonderfaserstoffe unterteilt. Die Primärfaserstoffe können anhand der zuvor erläuterten Baumarten und deren Eigenschaften unterteilt werden. Da Laubhölzer kürzere Fasern aufweisen, werden sie als Kurzfaserstoffe und die Faserstoffe aus Nadelhölzern als Langfaserstoffe bezeichnet. Wesentlichen Einfluss auf die späteren Faserstoffeigenschaften hat innerhalb der Baumarten aber das jeweilige Holzaufschlussverfahren bzw. bei Altpapier die jeweilige Zusammensetzung. Über die hauptsächlich angewandten Holzaufschlussverfahren werden zwei grundsätzlich verschiedene Primärfaserstoffarten gewonnen: Hochausbeutefaserstoffe und Zellstoffe Eine Übersicht dazu ist in Abb. 2-2. zu finden

Hochausbeutefaserstoffe werden aus Holzstämmen durch eine rein mechanische Zerfaserung oder aus Holzhackschnitzeln durch thermo-mechanische Zerfaserung bzw. auch unter zu Hilfenahme von Chemikalien gewonnen. Prinzipiell können alle Holzarten dafür eingesetzt werden. Kennzeichnend ist, dass die Ausbeute in der Herstellung bei 80-97 % liegt und das der initiale Gehalt an Lignin weitestgehend erhalten bleibt. Die Herstellung von Hochausbeutefaserstoffen erfolgt überwiegend im Rahmen einer integrierten Papierherstellung. Einzig BCTMP wird in relevanten Mengen am Markt gehandelt.

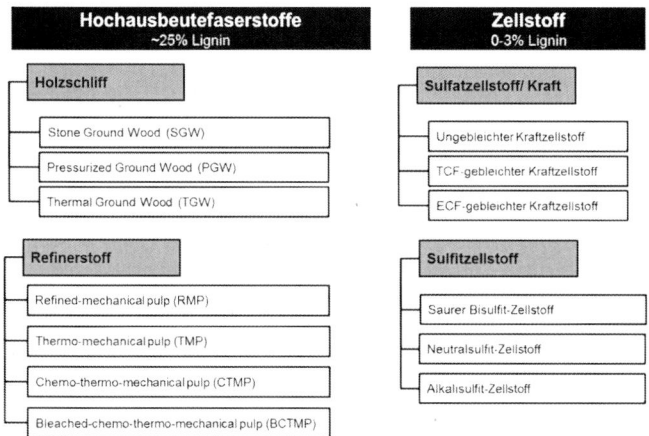

Abb. 2-2:   Primärfaserstoffe der Papierherstellung (ohne Sonderfaserstoffe)

Im BCTMP/CTMP Verfahren werden die Hackschnitzel mit Na_2SO_3 imprägniert. Durch die Sulfonierung wird die Erweichungstemperatur des Lignins herabgesetzt. Zusätzlich werden dadurch saure Gruppen am Lignin erzeugt, die in der folgenden Papierherstellung wichtig für die Wechselwirkung mit kationischen Hilfsmitteln sind. Hochausbeutefaserstoffe enthalten herstellungsbedingt den holzartenspezifischen Ligninanteil. Dadurch sind die Fasern steif und das Lumen kollabiert in der Pressenpartie der Papiermaschine oder im Kalander nur schwer. Gleichzeitig können sie in Abhängigkeit von den Mahlbedingungen einen hohen Feinstoffanteil enthalten. Daher werden Volumen und Festigkeit von Holzstoffen an die geforderten Papiereigenschaften angepasst. Der Ligninanteil führt zu einer deutlichen Vergilbung der Papiere über die Zeit. Jedoch können durch den Ligninanteil auch Papiere mit geringem Flächengewicht bei gleichzeitig hoher Opazität erzeugt werden.

Zellstoffe werden dagegen durch nahezu vollständige Delignifizierung und der Auflösung der Mittellamelle unter Erhalt der Cellulosen und Hemicellulosen mittels Chemikalien gewonnen. Die Ausbeute beträgt etwa 45-55 % bezogen auf die Holztrockensubstanz. Das Restlignin wird in der Regel zur Erzeugung von hoch weißen Zellstoffen durch eine delignifizierende Bleiche entfernt. Je nach Delignifizierungsverfahren werden Sulftat- und Sulfitzellstoffe unterschieden. Sulfatzellstoffe werden im alkalischen Milieu durch Einwirken von Natriumhydroxid (NaOH) und Natriumsulfid (Na_2S) hergestellt.

Im Sulfatverfahren können nahezu alle Holzarten aufgeschlossen werden. Der Name des Verfahrens ist vom Natriumsulfat abgeleitet, welches in der Chemikalienrückgewinnung eingesetzt wird, um Natrium- und Schwefelverluste auszugleichen. Aufgrund der hervorragenden Festigkeitseigenschaften der Sulfatzellstoffe gegenüber Sulfitzellstoffen werden im weltweiten Maßstab etwa 95 % der Zellstoffe für die Papierherstellung nach dem Sulfatverfahren hergestellt. Nachteil der überwiegend sauren Sulfitverfahren ist, dass nur kern- und harzarme Hölzer (Fichte, Tanne, Birke, Buche, Pappel, Eukalyptus) aufgeschlossen werden können, da im sauren Bereich phenolische Bestandteile mit dem Lignin zu Kondensationsprodukten reagieren, die nicht mehr herausgelöst werden können.

Die Struktur der Hemicellulosen im Nadelholz unterliegt während der Sulfatkochung Veränderungen. Die mit 4-O-Methylglucuronsäure-substituierten Seitenketten des Xylans werden zum Teil in Hexuronsäure umgewandelt und durch saure Bleichstufen teilweise wieder abgebaut. Der Gehalt und die Funktionalisierung der Hemicellulosen sind für die Papierherstellung bedeutsam, da sie die negativen Ladungseigenschaften, das Quellvermögen, die Faserflexibilität und die relative Bindungsfläche im Papier, die Dichte des Papiers sowie die optischen Eigenschaften beeinflussen. [6, 7, 8]

Zellstoffe werden ungebleicht und gebleicht hergestellt. Ungebleichte Zellstoffe insbesondere Langfaserzellstoffe finden in sogenannten krafthaltigen Papieren mit hohen Anforderungen an die Festigkeiten der Papiere Anwendung. Deren Faserlänge trägt im wesentlichen Umfang zu den dynamischen Festigkeitseigenschaften bei. Gleichzeitig sind ungebleichte Langfaserzellstoffe durch das enthaltene Lignin steif und führen zu Papieren mit höherer Porosität und Volumen. Der überwiegende Teil von Zellstoffen wird aufgrund der hohen Weiße und den Festigkeitseigenschaften in grafischen Papieren, Verpackungs- und Dekorpapieren sowie Etikettenpapieren eingesetzt.

Im Bereich der Kurzfaserzellstoffe werden fast ausschließlich nur noch Zellstoffe aus Eukalyptus in der Papierherstellung verwandt, da in den Anbaugebieten durch Plantagenwirtschaft und die klimatischen Bedingungen die Umtriebszeiten nur wenige Jahre betragen. Damit können Zellstoffe aus Eukalyptus kostengünstiger produziert werden als Langfaserzellstoffe, die in gemäßigten Breiten und in nördlichen Klimaten langsamer wachsen, was mit längeren Umtriebszeiten und höheren Holzrohstoffkosten verbunden ist. Durch das schnelle Wachstum der Hölzer in den Plantagen enthalten solche Eukalyptuszellstoffe aber auch einen vergleichsweise hohen Anteil juveniler Fasern, deren Faserwanddicke und Ligningehalt geringer ist als in Bereichen des Baumes, dessen Holz länger gewachsen ist. Dadurch kollabieren diese Fasern tendenziell eher in der Papierherstellung, was sich positiv auf die relative Bindungsfläche und die Zugfestigkeit auswirkt. Außerdem ist die Anzahl an Fasern pro Volumeneinheit im Papier sehr groß, was ebenfalls zu hohen statischen Festigkeiten führt. Daher haben Eukalyptuszellstoffe in der Anwendung vielfach Langfaserzellstoff, bei denen die dynamischen Festigkeiten nicht ausschlaggebend sind, verdrängt.

Wie zuvor erwähnt, wird aber der überwiegende Teil der Papiere in Deutschland aus Altpapier hergestellt. Laut EN 643 wird Altpapier beschrieben als Papier, Karton und Pappe, basierend auf Naturfasern, die für das Recycling geeignet sind [9]. Es besteht aus Papier, Karton und Pappe in jeglicher Form sowie aus Produkten, die vornehmlich aus Papier, Karton und Pappe hergestellt wurden. Diese können auch andere Bestandteile beinhalten, die nicht durch eine trockene Sortierung getrennt werden können, wie Beschichtungen und Verbundstoffe, Spiralheftungen oder ähnliches. Die EN 643 klassifiziert fünf Gruppen: *Gruppe 1 Untere Sorten* bis *Gruppe 4 Krafthaltige Sorten* und *Gruppe 5 Sondersorten*. Die Zuordnung wird anhand der Zusammensetzung sowie entsprechend des Anteils an papierfremden und unerwünschten Bestandteilen vorgenommen.

Mengenmäßig fällt in Deutschland die *Gruppe 1 Untere Sorten* am häufigsten an. Unter diese Gruppe fallen die Verpackungsaltpapiere (Sorte 1.04), die aus Verpackungen aus gebrauchtem Papier und Karton bestehen und die Deinkingware (Sorte 1.11). Als Deinkingware wird grafisches Altpapier bezeichnet, welches aus mindestens 80 % Zeitungen und Illustrierten besteht und dabei wenigstens 30 % Zeitungen und 40 % Illustrierten enthält. Für ein detailliertes Studium sei hier auf die EN 643 verwiesen. Es soll aber an dieser Stelle erwähnt werden, dass die Altpapierqualitäten regional und saisonal hinsichtlich erreichbarer

Produktqualität im Fertigprodukt (Festigkeitseigenschaften, optische Eigenschaften, Struktureigenschaften, Aschegehalt), Prozessfähigkeit in der Stoffaufbereitung und Papierherstellung (Zerfaserbarkeit, Deinkbarkeit, Rejektgehalt) sowie Kosten schwanken.

Mit veränderten Papierveredelungsschritten des Papiers im Druck, z. B. durch UV-gehärtete Lacke und andere Beschichtungen, verschlechtern sich die Altpapierqualitäten in einem Sinn, dass sie eine weitere Verwendung in der Papierherstellung zunehmend erschweren. Weiterhin geht mit dem veränderten Verbraucherverhalten vielerorts auch eine Veränderung der Altpapierzusammensetzung einher, die es Papierfabriken erschwert, den Anforderungen des Fertigprodukts gerecht zu werden. Ursächlich für diesen Trend ist ein Rückgang der grafischen Papiere verbunden mit einem vermehrten Aufkommen von Wellpappen und Karton durch den wachsenden Versandhandel.

Kennzeichnend für die meisten Altpapiersorten ist ein hoher Aschegehalt, der aus Strichpigmenten oder Füllstoffen aus dem Fertigpapier herrührt. Außerdem ist für Altpapier ein hoher Feinstoffgehalt kombiniert mit einer im Altpapierzyklus zunehmenden Verhornung der Fasern kennzeichnend. Verhornung beschreibt einen Vorgang, der sich im Zuge der Papiertrocknung vollzieht und bei dem es zu einem irreversiblen Kollaps von Poren der Faserwand kommt, die später nicht mehr für Wasser zugänglich gemacht werden können. Damit können diese Bereiche nicht mehr zur Quellung der Faser beitragen. So nehmen die Einzelfaserfestigkeit und das Bindungspotenzial mit jedem Recyclingzyklus ab. [10]

2.3 Ausgewählte Prozesse der Stoffaufbereitung

2.3.1 Überblick

Ziel der Stoffaufbereitung ist es, konstant eine für die Blattbildung geeignete Stoffsuspension mit definierten Eigenschaften für die Zuführung zum Stoffauflauf der Papiermaschine aufzubereiten. Die Eigenschaften dieser Stoffsuspension sind die Basis für die angestrebten Papier- und Kartoneigenschaften. Dafür kommen Halbstoffe, Additive, Füllstoffe und andere Hilfsmittel zum Einsatz, die in unterschiedlicher Form angeliefert werden und anschließend aufbereitet werden müssen. Faserstoffe werden dabei in Ballen oder bei Altpapier auch als lose Ware angeliefert. Bei integrierter Faserstofferzeugung liegen die nach dem mechanischen oder chemischen Aufschluss des Holzes gewonnen Fasern bereits in suspendierter Form vor. [12]

Die für die Stoffaufbereitung angewandten Prozesse sind abhängig von den Eigenschaften der Halbstoffe hinsichtlich ihrer Verunreinigungen und den zu produzierenden Papierqualitäten sowie der Runnability in der Papiermaschine. Die Stoffaufbereitung läuft in drei verschiedenen Prozessebenen ab, die sich in Produktions-, Rückgewinnungs- und Entsorgungsebene unterteilen lassen (Abb. 2-3). Die Einzelprozesse lassen sich demnach in folgende Grundprozesse einordnen [11, 12]:

- Dispergieren/Suspendieren

- Trennen

- Zerkleinern

- Mischen

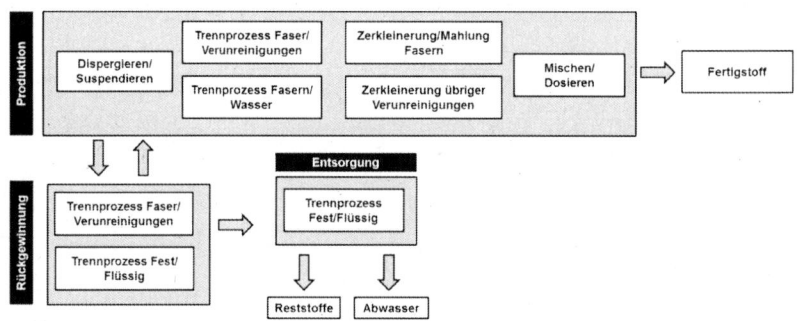

Abb. 2-3:   Produktionsebenen der Stoffaufbereitung, nach HOLIK [11] und NAUJOCK [12]

Dispergieren/Suspendieren: Es werden die in Bogen- oder Ballenware angelieferten Faserstoffe in Wasser vereinzelt, so dass ein Stoffsystem aus einer kontinuierlichen Phase (Wasser) und einer dispersen Phase (Feststoff) entsteht. So können die folgenden Prozesse der Reinigung und Aufbereitung auf Einzelfaserebene ihre optimale Wirkung entfalten. Außerdem wird eine pumpfähige Suspension für den Stofftransport benötigt. In dieser Stufe findet häufig schon eine Ablösung von Verunreinigungen von den Fasern insbesondere bei Altpapier statt.

Trennen: Trennprozesse werden in mehrerlei Hinsicht in der Stoffaufbereitung angewendet. Es müssen einerseits papierfremde Bestandteile aussortiert werden und andererseits findet auch ein Klassieren (Fraktionieren) von Fasern nach bestimmten physikalischen Eigenschaften (u. a. Dichte, Größe, Form) statt, um sie später separat zu behandeln und in bestimmte Lagen im Papier aufzuteilen. Eine Sortierung von papierfremden Bestandteilen nutzt die physikalischen Stoffunterschiede (u. a. Dichte, Form, Oberflächenspannung) der zu trennenden Bestandteile. Dazu werden Cleaner, Drucksortierer oder Flotationszellen eingesetzt. Des Weiteren finden auch Phasentrennungen von Flüssigkeiten, Feststoffen oder Gasen in der Stoffaufbereitung über Waschpressen, Schneckenpressen oder Deculatoren statt.

Zerkleinern: Vor dem Hintergrund, dass zum einen nicht alle papierfremden Bestandteile über Trennprozesse effizient aus dem Stoff entfernt werden können, zum anderen in der Stofflösung beim Suspendieren nicht alle Papierbestandteile oder Faserbündel vollständig dispergiert werden, werden Entstipper oder Disperger (Stoffdichte > 20 %) eingesetzt, um Störungen im Papier zu vermeiden, eine Größenverteilung zu erzielen und um folgende Trennprozesse zu ermöglichen (Druckfarbenpartikel müssen z. B. in einen flotierbaren Größenbereich zerkleinert werden). Auch die Mahlung von Faserstoffen zählt zu den Vorgängen der Zerkleinerung, auch wenn eine Zerkleinerung der Fasern in den meisten Anwendungen nicht das eigentliche Ziel ist, sondern eine Aktivierung der Faserstruktur für die gewünschten Papiereigenschaften.

Mischen, Stapeln, Lagern, Dosieren: In der Papierherstellung werden eine Vielzahl von Füllstoffen, Hilfsmitteln und Additiven eingesetzt, die möglichst homogen in die Faserstoffsuspension eingebracht werden müssen. In Abhängigkeit von der benötigten Verweilzeit für die Reaktion und des Reaktionsmechanismus der Hilfsmittel erfolgt eine Dosierung entlang des Stoffstroms bzw. eine Stapelung in Stapeltürmen.

Die Lager- und Stapelbütten dienen zu dem zum Vorhalten einer definierten Menge an Faserstoffsuspension, um die Papiermaschine kontinuierlich mit Faserstoff zu beschicken.

Im Folgenden soll nun vertiefend auf die Mahlung und die Dispergierung im Rahmen der Flotation eingegangen werden, da sie zu den energieintensivsten Prozessen der Stoffaufbereitung zählen (Tab. 2-1) und Optimierungen in diesen Prozessschritten zu einer deutlichen Reduzierung der Herstellkosten von Papier beitragen können. Anschließend werden Kavitationsvorgänge betrachtet, um deren Potenzial für die Nutzung in der Stoffaufbereitung abzuleiten.

Tab. 2-1:   Spezifischer Energiebedarf ausgewählter Prozesse der Stoffaufbereitung [2]

Prozess	Wärmeenergie [kWh/t]	Elektrische Energie [kWh/t]
Auflösen/Suspendieren		15-50
Sortieren		20-50
LC-Mahlen		100 (0,5-2 kWh/t*SR^{-1}) [11]
Cleanern		30-50
Eindicken		5-20
Deinkingflotation		20-50
Dispergieren	100-300	100-200
Bleichen	0-100	30-50

2.3.2 Faserstoffmahlung

In der Papiertechnik wird unter Mahlung ein Vorgang verstanden, bei dem zwei mit Messern besetzte rotierende Grundkörper (Mahlgarnituren) Fasern in ihrer Morphologie und inneren Struktur über den Eintrag von mechanischer Energie modifizieren. In den folgenden Ausführungen soll sich auf die LC-Mahlung im Rahmen der Stoffaufbereitung beschränkt werden. Die HC-Mahlung zur Erzeugung von Hochausbeutefaserstoffen oder für hoch dehnfähige Papiere soll hier nicht Gegenstand der Betrachtungen sein. Verfahrenstechnisch ist die Mahlung ein Zerkleinerungsprozess. Jedoch ist die Aufgabe der Mahlung nur in den wenigsten Fällen tatsächlich eine Zerkleinerung der Fasern. Im eigentlichen Sinn erfüllt die Mahlung verschiedene Aufgaben zur Steuerung der Fasereigenschaften, um gewünschte Papiereigenschaften zu erzielen. Diese sind die hauptsächlich die Vergrößerung der inneren und äußeren Oberfläche der Fasern, eine Erhöhung der Faserflexibilität und die Erzeugung von bindungsaktivem Feinstoff. Über diesen Prozess können so eine Vielzahl von Produkteigenschaften, wie Festigkeiten, Opazität, Saugfähigkeit und Rauigkeit der Papiere gesteuert werden. Damit zählt die Mahlung zu den wichtigsten Schlüsselprozessen in der Stoffaufbereitung einer Papierfabrik.

Jedoch gibt es eine Vielzahl von Nachteilen des mechanischen Mahlprozesses, die sich folgendermaßen zusammenfassen lassen:

- Der Wirkungsgrad ist mit ca. 70 % aufgrund der hohen Leerlaufleistung sehr gering [2].
- Das technologische Potenzial der Faserstoffe wird nicht ausgeschöpft, da eine statistische Behandlung erfolgt.
- Es tritt eine Faserkürzung und damit Reduzierung des Festigkeitspotentials ein.

Da in einer Papierfabrik etwa 5-30 %, in Sonderfällen sogar 60 %, des Gesamtstromverbrauchs auf die Mahlung entfallen, sind die Anstrengungen hier besonders groß, alternative Verfahren zu den Standardprozessen zu entwickeln. So wurde zum Beispiel für die Mahlung von Kurzfaserzellstoffen das als „Low-Intensity Refining" bezeichnete Verfahren entwickelt, in dem die Geometrien der Mahlgarnituren an die Eigenschaften der Kurzfaserzellstoffe angepasst wurden. Exemplarisch konnte so der Gesamtenergiebedarf einer Mahlanlage für Kurzfaserzellstoffe um bis zu 28 % gesenkt werden [13]. Andere Ansätze in der Forschung versuchen die Mahlung gänzlich zu ersetzen, indem die Fasern mit funktionalen Additiven modifiziert werden [14]. Auch mechanische- und piezo-elektrische Ultraschallwandler sowie Kavitationsdüsen wurden in der Vergangenheit schon für Untersuchungen genutzt, um das Eigenschaftspotenzial von Papierfaserstoffen zu steuern. Eine umfassendere Betrachtung dazu ist in Kap. 0 zu finden.

Einen schematischen Überblick über die Vorgänge im Mahlspalt zeigt Abb. 2-4. Grundprinzip ist, dass Fasern oder Faserbündel vom Mahlspalt aufgenommen werden und durch das Übergleiten von Rotor zu Stator Druck und Reibung auf die Fasern ausgeübt wird. In Abhängigkeit von Messerwinkel, Messerbreite und Rotationsgeschwindigkeit werden die Fasern intern und extern fibrilliert sowie gekürzt. Der Anteil der Fasern, die überhaupt behandelt werden, wird in der Literatur zwischen 2-19 % angeben [15]. Daher sollen im Folgenden hydrodynamische Strömungsprozesse, die parallel dazu ablaufen und ebenso zur Faserbehandlung beitragen, betrachtet werden.

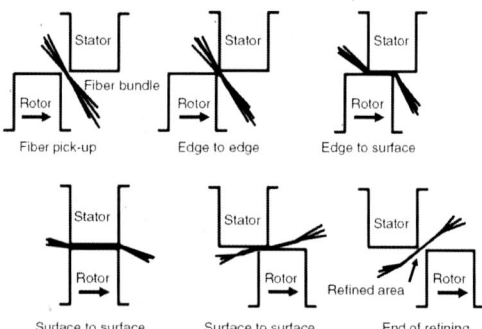

Abb. 2-4:   Wechselwirkung von Fasern und Garnitur im Refiner [20]

Durch das Übergleiten der Messer sind die Fasern unterschiedlichen Druckzuständen zwischen den Nuten und Messern ausgesetzt. Angaben zu tatsächlichen Druckzuständen in der Literatur variieren in Abhängigkeit vom Versuchsdesign im Mittel von 0,2-2,6 bar auf den Messern, wobei Druckspitzen von 35-70 bar erreicht werden.

Die Frequenz der auftretenden Druckwechsel kann bis zu 1.000 Hz betragen [16,17,18]. Die sich einstellenden Druckzustände haben zur Folge, dass eine partielle Entwässerung der Faserflocken zu beobachten ist. Berechnete Feststoffkonzentrationen im Mahlspalt werden mit 50-60 % angegeben [19]. Außerdem wird in neueren Untersuchungen angenommen, dass Zustände mit hydrodynamisch induzierter Kavitation durch die Druckwechselbehandlung auftreten [18].

Die Geometrien der Mahlgarnituren und die Arbeitsweise führen zu einem charakteristischen Fließverhalten im Refiner, wobei sich primäre, sekundäre und tertiäre Strömungen unterscheiden. Unter der primären Strömung ist der Transport des Faserstoffs zwischen Zentrum des Refiners und dem Außenbereich zu verstehen. Hier kommt es in den Nuten des Rotors zu einer nach außen gerichteten und im Stator nach innen (Rückfluss) gerichteten Strömung. Die sekundäre Strömung ist ein Wirbelfluss der primären Strömung in den Nuten. Da die Geschwindigkeit im Rotor größer als im Stator ist, entsteht ein Druckunterschied zwischen Rotor und Stator, der zum Stoffaustausch zwischen den Mahlplatten führt (tertiäre Strömung) [20, 21, 22, 23]. Dieses charakteristische Strömungsverhalten führt dazu, dass Fasern mehrmals die Mahlzone passieren.

Die Mahlung hat zur Folge, dass die Fasern extern und intern fibrilliert werden, Feinstoff gebildet wird, Fasern gestreckt und bei fortdauerndem Mahlvorgang auch gekürzt werden. Neben diesen morphologischen und strukturellen Veränderungen der Fasern ruft die Mahlung auch Veränderungen in der Kristallinität der Cellulose und in der Zugänglichkeit und Verteilung topo-chemisch funktioneller Gruppen hervor [24]. Die interne Fibrillierung beschreibt eine Delaminierung der Faserwandschichten voneinander, die durch zyklische Kompression und Schubspannung der Fasern im Mahlspalt hervorgerufen wird. Diese Delaminierung der Faserwandschichten führt zur Bildung von Makroporen in der Faserwand, die über unterschiedliche thermoporosimetrische Messungen oder Festkörper-Kernspinresonanzspektroskopie (NMR) nachgewiesen werden konnten und zur Quellung sowie Faserflexibilisierung der Faserwand beitragen [25, 26, 27, 28]. Die interne Delaminierung und Porenbildung ist demnach entscheidend für Faserkollaps, Bindungsfläche und somit für Papierfestigkeiten und optische Eigenschaften des Papiers.

Die Definition der Größenklasse von Mikro-, Meso- und Makroporen ist dabei nicht einheitlich. Sie orientieren sich jedoch an den Größenordnungen, die allgemein für Festkörper angegeben werden [29]:

- Mikroporen < 2 nm,
- Mesoporen 2-50 nm,
- Makroporen > 50 nm.

Für Faserstoffe ist aber anerkannt, dass es sich bei Makroporen um Strukturen handelt, die beim Trocknen kollabieren und durch Wiederbefeuchtung reversibel sind. Bereits kollabierte Mikro- und Mesoporen sind nach Wiederbefeuchtung nicht reversibel. Der Anteil an Mikroporen bleibt durch die Mahlung daher weitestgehend unverändert. Da die innere Oberfläche durch die Mahlung gesteigert werden kann, wird die Mahlung auch häufig zur Reaktivierung von Altpapierfaserstoffen für eine höhere Papierfestigkeit eingesetzt. Jedoch ist nur eine partielle Öffnung der Porenstrukturen in altpapierbasierten Faserstoffen durch eine Mahlung erreichbar. [25, 26, 28] Daher ist die Mahlung zum Teil gänzlich aus der Herstellung von bestimmten altpapierbasierten Papieren verschwunden. Die geforderten Papierfestigkeiten werden dann durch den Einsatz von Trockenfestmittel oder einen Auftrag von Stärke auf die Oberfläche wirtschaftlicher erreicht.

Neben der internen Delaminierung der Faserwand führt die Mahlung zu einer externen Fibrillierung, die durch Aufbrechen der Primärwand und der Sekundärwand S1 gekennzeichnet ist und die darunter liegende Sekundärwand S2 zugänglich macht und die spezifische Oberfläche der Faserwand erhöht. Es bildet sich durch das Entfernen der zum Teil hydrophoben Bestandteile und das Freilegen von hydrophilen Hemicellulosen und Cellulose eine stark hydratisierte und quellende Schicht an der Faserwand, wobei es mitunter auch wieder zur Anlagerung von Extraktstoffen kommt [30, 31, 32]. Dadurch erhöhen sich die spezifische Oberfläche und die Zugänglichkeit für Additive und Hilfsstoffe, da anionische Ladungsträger der Hemicellulosen und Sulfonsäuregruppen im Lignin freigelegt werden. Somit wandelt sich durch die strukturellen Änderungen der Faserwand auch das elektrokinetische Verhalten der Fasern im wässrigen Milieu, das sich darin äußert, dass zwar die Gesamtladung konstant bleibt, jedoch die Oberflächenladung sich erhöht, die für die Adsorption von kationischen Hilfsmitteln wichtig ist [33, 34, 35]. Dieses Prinzip wird auch zur Bestimmung der Oberflächenladung genutzt, in dem kationische Polyelektrolyte, wie z. B. Poly-DADMAC mit definierter Ladungsdichte in Abhängigkeit vom Molekulargewicht an unterschiedliche Faserwandschichten adsorbieren [127].

Mit der externen Fibrillierung geht gleichzeitig auch die Feinstoffbildung durch das vollständige Ablösen von Faserwandstrukturen einher. Hinsichtlich der Papiererzeugung ist eine Erhöhung der Faserbindungsfestigkeit zu beobachten, aber auch eine Behinderung der Entwässerung und Erhöhung der benötigten Trocknungsenergie. Zu unterscheiden sind dabei primärer Feinstoff, der bereits durch Parenchymzellen im ungemahlenen Faserstoff vorhanden ist und keine besondere Bindungsfähigkeit aufweist und sekundärer Feinstoff, der während der Mahlung gebildet wird. Typischerweise wird Feinstoff allgemein mit der Menge Faserstoff der ein D200 Sieb (75 µm Maschenweite) passiert beschrieben.

Bei fortschreitender Mahlung tritt unweigerlich auch eine Faserkürzung auf, die ebenso zur Feinstoffanreicherung beiträgt. Diese Faserkürzung ist in vielen Fällen unerwünscht, da sie die dynamischen Festigkeiten des Papiers reduziert. Bevor dies jedoch Eintritt, ist häufig in der LC-Mahlung eine Streckung der zuvor umgeformten Faser zu beobachten und in der HC-Mahlung eine zusätzliche Kräuselung [36, 37]. Die Streckung der Fasern wird als Curl über das Verhältnis von Faserkonturlänge und projizierter Faserlänge ausgedrückt (Abb. 2-5). Der Curl ist in vielfacher Hinsicht zu beachten, da über die Streckung der Fasern die Spannungsverteilung im Papier gleichmäßiger verläuft und damit Zugfestigkeit und E-Modul erhöht werden. Die HC-Mahlung an Papierfaserstoffen wird dagegen gezielt zur Erhöhung des Curl angewandt, um dadurch die Bruchdehnung von Papieren zu steigern [38].

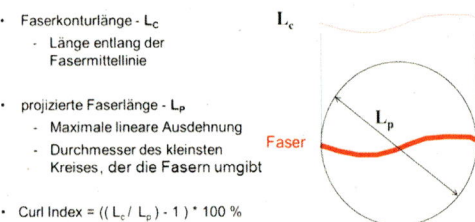

- Faserkonturlänge - L_c
  - Länge entlang der Fasermittellinie

- projizierte Faserlänge - L_p
  - Maximale lineare Ausdehnung
  - Durchmesser des kleinsten Kreises, der die Fasern umgibt

- Curl Index = $((L_c / L_p) - 1) * 100\ \%$

Abb. 2-5:   Ableitung des Curl Indexes

Neben diesen rein morphologischen Änderungen der Faser, die reversibel ist [38], werden über die Mahlung aber irreversible Faserschäden eingeführt, die als Kinks oder Microcompressions beschrieben werden. Microcompressions sind als solches bereits im Holz vorhanden und werden durch den Holzaufschluss weiter verstärkt. Es sind Bereiche der Faserwand, in denen die Ausrichtung der Mikrofibrillen gestört ist und eine erhöhte Reaktivität und Zugänglichkeit der Fasern besteht. Sie setzen die Einzelfaserfestigkeit der Fasern herab und wirken wie Sollbruchstellen [39].

Die Faserwand besteht aus teils hochgeordneter kristalliner Cellulose und amorphen Strukturen, die im Mahlprozess verändert werden können. Bei ungebleichten Zellstoffen wurde beobachtet, dass scheinbar eine Erhöhung der Kristallinität eintritt, die auf eine teilweise Ablösung von Ligninbestandteilen und Hemicellulosen zurückgeführt werden kann. Eine Reduzierung der Kristallinität ist nur bei sehr hoch ausgemahlenen oder chemisch abgebauten Faserstoffen zu beobachten [40].

2.3.3 Deinkingprozesse

Gebrauchtes Altpapier für die Herstellung von grafischen Papieren ist in der Regel bedruckt und enthält Verunreinigungen. Im Rahmen der Stoffaufbereitung werden Verunreinigungen und die Druckfarben abgetrennt, um einen Faserstoff mit möglichst hohem Weißgrad und Reinheit bei minimalen Stoffverlusten aufzubereiten. Das Deinking beinhaltet dabei folgende Prozesse:

- Suspendieren und Dispergieren des Faserstoffs in einem HC- oder LC-Pulper, wobei hier bereits Druckfarben von der Oberfläche abgetrennt werden und Deinking-Chemikalien zur Quellung der Fasern und für die folgende Flotation zugegeben werden;

- Sortierung von Verunreinigungen mittels Sortierern und Cleaner anhand von Dichteunterschieden und Form;

- Flotationsdeinking zum Austrag abgelöster Druckfarben aus dem Stoffstrom, wodurch im Rahmen der Stoffaufbereitung der höchste Anstieg im Weißgrad erreicht wird. [41, 42];

- Dispergierung in teils beheizten HC-Dispergern zur Zerkleinerung von Schmutzpunkten und zum Abbau von klebrigen Verunreinigungen

- sowie häufig eine Bleiche zur Erhöhung des Weißgrades.

Um die geforderten Faserstoffeigenschaften zur erreichen, sind teilweise bis zu drei Zyklen an Flotations-, Eindickung-, Dispergier- und Bleichstufen notwendig. Dies hängt nicht zuletzt mit den unterschiedlichen Druckprodukten und Druckfarben zusammen, die mit dem Altpapier eingetragen werden. Denn um Druckfarbenpartikel in der Flotation abzutrennen, müssen die Druckfarbenpartikel einen hydrophoben Charakter aufweisen und in einem optimalen Größenspektrum im Bereich von 10-200 µm liegen.

Die Druckfarbenabtrennung und deren Fragmentierung sowie deren häufig zu beobachtende Wiederanlagerung an die Fasern ist ein komplexer Prozess, der durch die Zusammensetzung und Art der Druckfarbe, Schichtdicke des Druckfarbenauftrags, der Bindungsart und Bindungsfläche, Alterung sowie der Größe der Druckfarbenpartikel abhängt. In der Stofflösung tritt bei einer Stoffdichte von 10-18 % eine Ablösung und Fragmentierung unter Zugabe von NaOH und anderen Deinking-Chemikalien der Druckfarben ein, die aber nicht vollständig ist. Gleichzeitig kommt es durch eine fortwährende Dispergierung wieder zu einer Anlagerung von Druckfarbenbestandteilen, da sich die spezifische Oberfläche der Druckfarbenpartikel erhöht. Daher gibt es ein Optimum in der Dispergierdauer und dem Energieeintrag vor der ersten Flotation. Die noch nach der Vorflotation anhaftenden Druckfarben können also erst in einer folgenden Heißdispergierung bei einer Stoffdichte von bis zu 30 % und einer Temperatur bis 100 °C abgelöst werden und in der Nachflotation entfernt werden bzw. unter die Sichtbarkeitsgrenze zerkleinert werden. Durch die Reibungseffekte und gleichzeitig hohen Temperaturen im Disperger kommt es jedoch in vielen Fällen wieder zu einer Verdunkelung des Faserstoffes. Dies äußert sich in einem steigenden Lichtadsorptionskoeffizienten. Der üblicherweise hohe Holzstoffgehalt im Altpapier fördert die Wiederanlagerung zusätzlich. [43, 44, 45] Daher kann diskutiert werden, ob eine Bleiche des Faserstoffs überhaupt notwendig wäre, wenn eine möglichst hohe Ablösungsrate der Druckfarbenpartikel bereits in der Stofflösung ohne Wiederanlagerung von Druckfarben erreichbar wäre.

Durch die steigenden Mengen an UV-gehärteten Druckfarben, Flexodruck- und Inkjetdruckprodukten steigt auch der Anteil im Altpapier, der schwer zu deinken ist, da insbesondere die Flotation an hydrophobe Offsetdruckfarben optimiert ist. Daher wird von KEMPPAINEN et al. (2011) [46] unter anderem vorgeschlagen, bei hohen Anteilen von pigmentbasierten Altpapierprodukten eine möglichst kurze Zeit zu suspendieren und nicht aufgelöste Faserbestandteile zu fraktionieren und anschließend weiter zu dispergieren, um eine übermäßige Anlagerung von Druckfarbenbestandteilen im Gesamtstoff zu verhindern.

Grundsätzlich kann gesagt werden, dass bereits in den 1970er Jahren Untersuchungen vorgenommen wurden, die Druckfarbenablösung und Zerkleinerung durch mechanische oder piezo-elektrische Ultraschallgeber zu verbessern. Auf die Zusammenhänge soll zusammenfassend in Kap. 0 eingegangen werden. Jedoch war es bisher schwierig, Ultraschalltechnologien in die Stoffaufbereitung zu integrieren, da die Wirksamkeit auf Stoffdichten bis maximal 2-3 % begrenzt ist und die Durchsatzleistung nur mit unverhältnismäßig hohem Aufwand zu realisieren wäre. Bei höheren Stoffdichten könnte die Durchsatzleistung größer sein. Jedoch wirken die Papierfasern dämpfend auf das Ultraschallfeld.

Die bereits in der Stofflösung dosierten Deinking-Chemikalien erfüllen vielfältige Funktionen, um eine nach der Dispergierung und Sortierung folgende effiziente Flotation zu ermöglichen. Je nach pH-Wert im Prozess wird zwischen alkalischem, neutralem oder saurem Deinking unterschieden. Am weitesten verbreitet ist das alkalische Deinking. Hier werden überwiegend NaOH, Natriumsilikat (Na_2O_3Si), Wasserstoffperoxid (H_2O_2) und Tenside eingesetzt. Durch die alkalischen Bedingungen in Folge des NaOH quellen die Fasern und die funktionellen anionischen Gruppen der Faser werden ionisiert, die damit Spannungen auf die unflexiblen Druckfarben ausüben und eine Ablösung sowie Dispergierung der Druckfarben bereits bei der Stofflösung begünstigen. Zudem befördert das alkalische Medium die Hydrolyse der Druckfarbenbindemittel und die Wirksamkeit der Tenside. Durch NaOH tritt aber auch eine ungewollte gelbliche Verfärbung ein, die durch H_2O_2 als Bleichmittel herabgesetzt wird. Da in der Stoffsuspension mehrwertige Metallionen enthalten sind, die einen Zerfall des instabilen H_2O_2 katalysieren, wird Na_2O_3Si im Bereich von 1-2 % dosiert. Zudem fungiert es als pH-Wert-Puffer und Dispergiermittel. Auf die Wirksamkeit der einzelnen Hilfsmittel im Deinking, insbesondere die Rolle von Tensiden, ist in der Forschung vielfach eingegangen worden. An dieser Stelle sei auf die entsprechende Literatur verwiesen [47, 48, 49, 50, 51]

Der eigentliche Austrag der Druckfarben findet in einem Flotationsprozess bei einer Stoffdichte von etwa 1 % statt. Hier werden Luftblasen in die Stoffsuspension eingetragen, an denen sich die Agglomerate aus Tensiden und Druckfarbe anlagern und als Schaum an der Oberfläche ausgetragen werden können. Nachteilig ist in jedem Fall, dass die Flotation nur bei geringen Stoffdichten durchführbar ist, da dadurch immer ein hoher Energiebedarf zur Durchführung der Prozesse notwendig ist. Um den Energieeinsatz zu reduzieren, wurde von SCHRINNER et al. [52] und PETZOLD & SCHWARZ [53] ein an die Textilreinigung angelehntes Verfahren auf die Druckfarbenentfernung adaptiert, bei dem bei einer Stoffdichte von 15 % gearbeitet werden kann. Das Prinzip hierbei ist, dass die Druckfarben nicht an Luftblasen akkumuliert werden, sondern an polymeren Festkörpern mit sehr hohen spezifischen Oberflächen. Gleichzeitig können über diesen Prozess auch 60-80 % der Mineralöle, die aus den Druckfarben stammen, aus dem Faserstoff entfernt werden [54]. Problematisch ist allerdings, dass die Festkörper zur Reinigung und Wiederverwendung aus dem Faserstoffstrom sortiert werden müssen. Insbesondere die Reinigung erschwert noch die industrielle Anwendung in der Papierindustrie.

3   Kavitation

3.1   Einteilung der Kavitationsformen

Grundlage der vorliegenden Arbeit ist Nutzung von Effekten, die mittels hydrodynamischer Kavitation hervorgerufen werden können, um Prozesse der Stoffaufbereitung in der Papierherstellung effizienter zu gestalten. Im Folgenden sollen nun Grundlagen der Kavitationsentstehung und einzelne Wirkungsmechanismen erläutert werden. Im späteren Verlauf werden Ursachen und Mechanismen der Kavitationsbehandlung von Faserstoffen in einem Kontext dargestellt.

In Anlehnung an LAUTERBORN [55] kann das Auftreten von Kavitation auf zwei Ursachen zurückgeführt werden. Die bekannteste Form ist mit der Überschreitung der Zugspannung einer Flüssigkeit begründet. Dies ist letztendlich das Erreichen eines kritischen Drucks unterhalb des Dampfdrucks der Flüssigkeit. Es kann dabei zwischen hydrodynamischer Kavitation in Folge von strömungsbedingten Änderungen des Zustands der Flüssigkeit und akustischer Kavitation mittels piezo-elektrischen oder mechanischen Ultraschallgebern unterschieden werden (Abb. 3-1). Beide Aspekte finden in der industriellen Praxis Anwendung. Unter akustischem Ultraschall wird dabei eine Frequenz größer 20 kHz verstanden, die mittels einer Sonotrode in das umgebende Medium übertragen wird. Hydrodynamische Kavitation ist ein ursprünglich ungewollter Effekt, der Pumpen und Laufräder schädigt und zum Leistungsverlust führt. Vor allem bei der Auslegung von Schiffsschrauben und Antrieben ist dies zu beachten, da sich durch die schnell laufenden Schaufeln am Rand Kavitationsblasen bilden, die zu massiven Erosionen und Beeinträchtigungen führen.

In Folge der komplexen Vorgänge während der Entstehung von Kavitationsblasen und deren räumliche und zeitliche Wechselwirkung wird in vielen Fällen das Verhalten von Einzelblasen, die mittels gepulsten Lasern oder über Strahlungsquellen erzeugt werden, studiert. Hierbei werden Effekte der Sonolumiszenz untersucht. Für die folgenden Erläuterungen in diesem Kapitel wird sich auf hydrodynamische Kavitation beschränkt und wenn sinnvoll, mit Verweisen zur akustischen Kavitation ergänzt. Um die Vorgänge bei Kavitation besser einordnen zu können, sollen im Weiteren strömungsmechanische Grundlagen erläutert werden.

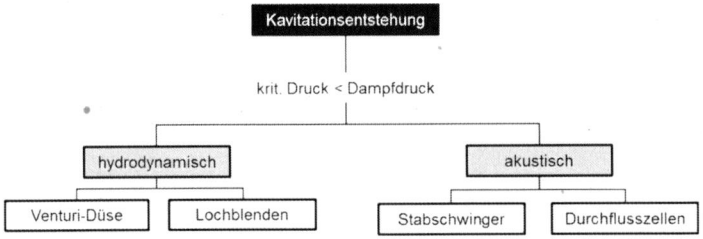

Abb. 3-1:   Einteilung der Entstehung von Kavitation in Anlehnung an LAUTERBORN [55]

3.2 Physikalische Grundlagen der Kavitationsentstehung

Basierend auf dem Newtonischen Axiom der Mechanik lässt sich das Verhalten von bewegten Flüssigkeiten wie folgt beschreiben: Die Summe der angreifenden Kräfte ist gleich dem Produkt aus Masse und Beschleunigung. Daraus leitet sich die Grundgleichung der Hydrodynamik, die Navier-Stokes-Gleichung, ab. Sie besteht aus drei nichtlinearen partiellen Differentialgleichungen. Wegen ihrer Komplexität ist eine analytische Lösung nur für Spezialfälle möglich. Zusammen mit der Kontinuitätsgleichung beschreibt sie das Strömungsverhalten einer instationären, kompressiblen und reibungsbehafteten Strömung und damit das Verhalten von Strömungen als Abhängigkeit von Geschwindigkeit und Druck, als Funktion von Ort und Zeit.

Als praktikabel haben sich die Stromfadentheorie und die Bernoulli-Gleichung erwiesen. Sie besagt, dass für eine inkompressible Flüssigkeit bei reibungsfreier Strömung die Summe aus potenzieller Energie, kinetischer Energie und Druck an jedem Ort des Stromfadens gleich ist:

$$\rho \times g \times h + p + \frac{1}{2}\rho \times v^2 = const.$$
Gl. 3-1

Anhand der Gleichung ist zu erkennen, dass mit steigender Geschwindigkeit eines Fluids der statische Druck sinkt. Aus dem Phasendiagramm für Wasser in Abb. 3-2 [56] geht hervor, dass entlang der Dampfdruckkurve (A-C) bei konstanter Temperatur und sinkendem statischen Druck Wasser vom flüssigen Aggregatzustand in den dampfförmigen Aggregatzustand übergeht. Bei 1 bar Druck siedet Wasser also bei 100 °C. Doch durch die Absenkung des statischen Drucks findet der Phasenübergang vom flüssig zu gasförmig schon bei geringerer Temperatur statt. Für den Vorgang der Kavitation heißt das, dass bei Erreichen eines kritischen Dampfdrucks Dampfblasen bereits unterhalb der Siedetemperatur von Wasser gebildet werden, die beim Übergang in Bereichen höheren Drucks wieder implodieren. Der kritische Druck entspricht der Zugspannung der Flüssigkeit [57].

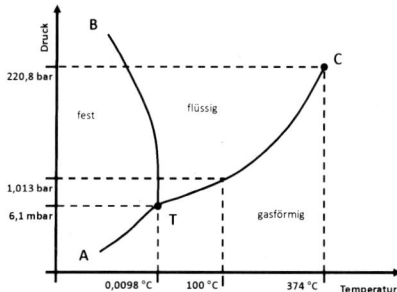

Abb. 3-2:   Phasendiagramm von Wasser

Vielfach ist eine Entstehung von Dampfblasen deutlich oberhalb des Dampfdrucks der Flüssigkeit erreicht, da beim Übergang von der flüssigen in die dampfförmige Phase homogene und heterogene Keimbildungsprozesse den Phasenübergang beeinflussen [58]. Bei homogenen Keimbildungsprozessen erfolgt die Keimbildung der neuen thermodynamisch stabilen Phase aus der metastabilen Phase heraus

Da zur Bildung dieser nanometergroßen Keime Arbeit verrichtet werden muss, um Keimwachstum hervorzurufen, ist dieser Prozess langwieriger und wird im Falle hydrodynamischer Kavitation nur in hoch aufgereinigtem und keimfreiem Wasser erreicht. Um Dampfblasen bei heterogener Kavitation zu bilden, ist oft nur eine sehr geringe Anzahl von bereits existierenden Keimen notwendig, an deren Oberfläche der Phasenübergang in den gasförmigen Zustand initiiert wird. Solche Kondensationskerne können mikrometergroße Gasblasen oder Verunreinigungen sein, die die Oberflächenspannung herabsetzen und weitere Teilchen akkumulieren, wodurch sie als Katalysator wirken, um die Keimbildungsbarriere zu verringern. Für vertiefende Studien in diesem Bereich liegen umfangreiche theoretische und praktische Überlegungen in BRENNEN (1995) [59] und KASHCHIEV et al. (2000) [60] vor.

Da jedoch nicht nur in der Flüssigkeit Keime vorhanden sind, sondern auch die Rauigkeit einer Rohrwandung heterogene Keimbildung und Blasenwachstum initiieren kann, ist die experimentelle Untersuchung des Einflusses von Keimen seit jeher schwierig, insbesondere bei der Messung der dynamischen Zugspannung von Flüssigkeiten, die mit Einsetzen der Verdampfung und Blasenbildung erreicht ist. Daher wurden spezielle Venturi-Düsen von Bachert, Keller und Heller entwickelt, die möglichst frei von Wandeinflüssen die Zugspannung von Flüssigkeiten messen sollten [57]. Dabei wurde die Strömung mittels eines Drallerzeugers vor der Venturi-Düse in Rotation versetzt, so dass sich im Zentrum der Strömung durch die Zentripetalkraft der niedrigste Druck einstellt.

Die Dampfblasen wachsen und bewegen sich oszillierend bis der statische Druck wieder den Bereich des Umgebungsdrucks erreicht und den Dampfdruck der Flüssigkeit überschreitet, wo sie als so genannter Microjet unter Freisetzung der kinetischen Energie implodieren. Die dominierenden Reaktionsmechanismen sind auf die mechanischen und turbulenzgesteuerten Kräfte in Folge des sich ausbildenden Microjets in Wandnähe beim Implodieren der Dampfblasen zurückzuführen. Dabei sind die Blasen im Moment des Kollapses stark asymmetrisch geformt (Abb. 3-3) [61].

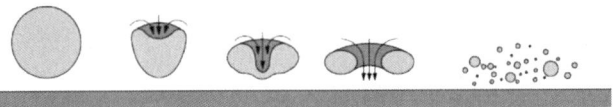

Abb. 3-3:   Schematische Darstellung des Implosionsvorgangs einer Kavitationsblase [61]

Bei homogener Kavitation erfolgt die Reaktion im Inneren der Dampfblase oder in dem angrenzenden Medium durch die hohen lokalen Drücke und Temperaturen. In seinem Standardwerk *Cavitation and Bubble Dynamics* diskutiert BRENNEN (1995) [59] ausführlich die auftretenden Bedingungen während des Blasenkollapses. Es wird dabei angenommen, dass theoretisch lokal ein Druck von 10^{10} bar wirkt. Jedoch unter Beachtung realer Randbedingungen werden deutlich geringere Werte erreicht, da zusätzlich eine Diffusion von Wasserdampf in die kollabierenden Blasen eintritt, der aufgrund der hohen Wärmekapazität die Energie des Kollapses mindert [62, 59, 63, 64]. Daher werden Werte von 100-1.500 bar Druck durch den Blasenkollapses erreicht, wobei eine Temperatur von bis zu 8.800 K auftreten kann, die sich jedoch nach kürzester Zeit bereits auf Umgebungstemperatur abkühlt. Unter diesen Bedingungen bilden sich Radikale, welche chemische Reaktionen initiieren [65].

Für die Geschwindigkeit des implodierenden Microjets wurde folgender Zusammenhang ermittelt [66]:

$$v_{jet} \approx \sqrt{\frac{p_\infty - p_v}{\rho_F}}$$ Gl. 3-2

Die Bildung von Radikalen und die Spaltung von chemischen Verbindungen werden nicht nur durch den hohen lokalen Druck und der Temperatur hervorgerufen, sondern sind nicht zuletzt auch auf mechano-chemische Vorgänge zurückzuführen, die durch die Geschwindigkeitsprofile der implodierenden Microjets herbeigeführt werden. BEYER und CLAUSEN-SCHUMANN [67] fassen dazu zusammen, dass in Folge der Viskosität eines Mediums und der sich ausbildenden Schubspannung Geschwindigkeitsgradienten zur Streckung der Konformation in Makromolekülen führen und im weiteren Verlauf eine Spaltung in mittlerer Position bewirken kann. Dieser Theorie folgend, ist Kavitation nicht zwingend erforderlich, um einen Abbau von Makromolekülen zu erzielen, solange eine kritische Schubspannung vom Medium auf die Molekülstruktur übertragen werden kann.

3.3 Kavitationszustände von Innenströmungen

Zur Untersuchung der Vorgänge in kavitierenden Strömungen können zwei unterschiedliche Konfigurationen unterschieden werden, die sich aus dem jeweiligen Anwendungsfeld ergeben. Zum einem werden kavitierende Strömungen in Kavitationskanälen untersucht, in denen Strömungsprofile oder Bauteile in der Strömung platziert werden und anschließend über die Erhöhung der Anströmgeschwindigkeit oder durch Absenkung des statischen Drucks Kavitation an oder hinter dem Bauteil entsteht. Über diese Versuchsaufbauten können etwa spezielle Geometrien für Schaufelräder, Pumpen oder Turbinen und deren Kavitationsneigung untersucht werden. Abhängig von verschiedenen Parametern wird zwischen Einzelblasen-, Schicht-, Wolken- und Wirbelkavitation unterschieden, die sich mit zunehmendem Druckgradienten ausbilden. Die Wirbelkavitation mit der Ausbildung eines Druckgradienten im Zentrum eines Wirbels etwa bei Axialpumpen oder Schiffsschrauben stellt dabei eine Besonderheit dar [59].

Der zweite große Bereich sind Betrachtungen von Innenströmungen, z. B. in Diffusoren, die für die vorliegende Arbeit genauer erläutert werden. In einem Diffusor erhöht sich im engsten Querschnitt gemäß der Bernoulli-Gleichung (Gl. 3-1) die Strömungsgeschwindigkeit. Dadurch kann der statische Druck in einem Bereich herabgesetzt werden, dass sich Kavitationsblasen bilden und entlang der Abströmseite wieder kollabieren. In Abhängigkeit von Strömungsgeschwindigkeit und Druckverhältnissen lassen sich drei Zustände je nach Intensität und Blasendichte unterscheiden.

Mit einsetzender Kavitation und vereinzeltem Auftreten von Blasen, die sich unabhängig voneinander bewegen und wieder zusammenfallen, spricht man von Einzelblasenkavitation. Mit Erhöhung des Zulaufdrucks steigt die Blasenanzahl und die Wechselwirkung der Blasen untereinander. Da es sich häufig um mit Gas gefüllte Blasen handelt, dominiert die heterogene Keimbildung und man spricht von „weicher" oder auch Gaskavitation. Dabei kommt es zur Ausbildung von kavitierenden Überstrukturen mit charakteristischem Verhalten, wobei sich auf der Auslaufseite der Venturi in unregelmäßigen Abständen Regionen bilden, in die Blasen wieder kollabieren. Steigt der Zulaufdruck weiter, bildet sich ein fast vollständig mit kollabierenden Dampfblasen gefüllter Raum. Dieser Zustand wird als

„harte" Kavitation bzw. Dampfkavitation oder auch transiente Kavitation bezeichnet. Dabei können Zustände erreicht werden, in denen sich ein Flüssigkeitsstrahl im Zentrum der Strömung bildet, der von einem dampfgefüllten Bereich umgeben ist. Das Auftreten dieser Dampfregion behindert eine Erhöhung des Volumenstroms. Dieser Zustand wird auch als Superkavitation bezeichnet. Die Übergänge zwischen den einzelnen Kavitationsformen sind dabei fließend. Wird entlang der Venturi schlagartig der ursprüngliche Druck der ungestörten Strömung wieder erreicht, reißt der Blasenkollaps ab und es entsteht erneut eine Ein-Phasen-Strömung ohne Dampf. Dieser Bereich vom engsten Querschnitt bis zum plötzlichen Abreißen der kollabierenden Blasen entlang der Venturi-Düse wird als Kavitationslänge bezeichnet. [68, 69, 70, 71]

Die Neigung eines Systems zur Entstehung von Kavitation wird im einfachsten Fall durch die dimensionslose Kavitationszahl σ beschrieben.

$$\sigma = \frac{p_\infty - p_V(T)}{\frac{1}{2}\rho v^2}$$ Gl. 3-3

Sie gibt das Verhältnis zwischen der Druckdifferenz der ungestörten Strömung p_∞ und dem Dampfdruck der Flüssigkeit bei gegebener Temperatur $p_V(T)$ zum dynamischen Druck der ungestörten Flüssigkeit wieder. Die Kavitationszahl σ ist aber weniger Ausdruck für die Intensität der Kavitation, sondern kennzeichnet lediglich den Beginn und das Einsetzen von Kavitation.

Kavitation setzt daher in der Regel schon bei $\sigma > 0$ durch gelöste Gase, Rauigkeiten und andere Keime ein. Andererseits kann aber auch bei der Abwesenheit von freien Grenzflächen (Keimen) der Druck in einer Flüssigkeit unter den Dampfdruck abgesenkt werden oder Wasser erst bei 270 °C zum Sieden gebracht werden. Die theoretischen Zusammenhänge sind in der Van-der-Waals Zustandsgleichung für reale Gase wiederzufinden. Um den tatsächlichen Beginn der Kavitation eines definierten Systems zu beschreiben, wird daher σ_i genutzt, bei dem visuell oder hörbar Kavitationsgeräusche oder einzelne Blasen entstehen. σ_i ist abhängig von unterschiedlichen Parametern, wie Temperatur, Keimart, Keimzahl und der Geometrie. Bei $\sigma_i > 2$ erhöht sich die Blasengröße zwar oszillierend, jedoch ohne dabei einen intensiven Blasenkollaps zu verursachen. In diesem Bereich wirken eher mechanische Kräfte in Folge der Turbulenz der Blasen. Ein intensiver Blasenkollaps wird erst bei $\sigma_i < 2$ erwartet, der auch hohe lokale Temperaturen hervorruft [72].

Bezüglicher des Einflusses der Geometrie haben u. a. YAN und THORPE (1990) für eine Venturi-Düse ermittelt, dass die Kavitationszahl stark vom Durchmesserverhältnis β abhängig ist [69]. Das Durchmesserverhältnis β ist das Verhältnis des Durchmessers im engsten Querschnitt zum Durchmesser im Bereich der ungestörten Strömung. Um die Zusammenhänge zwischen Kavitationsverhalten und Geometrie besser beschreiben zu können, nutzen TULLIS und GOVINDRAJAN (1973) den linearen Zusammenhang von Volumenstrom Q und der Druckdifferenz $\log(p_1\text{-}p_3)$, der bis zur Ausbildung von Superkavitation Gültigkeit besitzt. Abgeleitet aus diesem Zusammenhang kann die Kavitationszahl für Superkavitation σ' für beliebige Venturi wie folgt berechnet werden [73].

$$\sigma' = \frac{\sigma}{\frac{1}{C_d^2}\,(1 - \beta^4) + 2(\beta^4 - \frac{\beta^2}{C_c})} \qquad \text{Gl. 3-4}$$

YAN und THORPE (1990) leiteten sich σ' experimentell und über die Bernouilli-Gleichung her und zeigten, dass beide Ansätze im Rahmen der auftretenden Messfehler nahezu identische Werte für σ' bei unterschiedlichen Geometrien ergaben [69].

3.4 Numerische Beschreibung von kavitierenden Strömungen

Um Intensität und Wirksamkeit der Kavitation bewerten zu können, ist eine alleinige Bestimmung der Kavitationsform nicht ausreichend. Neben experimentellen Untersuchungen zur Bestimmung der Kavitationsintensität kann über eine numerische Beschreibung des Verhaltens von Einzelblasen oder dem Verhalten von Überstrukturen die Konstruktion und Wirksamkeit von Kavitationsreaktoren bewertet werden.

Zur einfachen Beschreibung des Verhaltens einer sphärischen Einzelblase kann die 1917 von Rayleigh und 1949 von Plesset erweiterte Rayleigh-Plesset-Gleichung genutzt werden [74]. Sie beschreibt das Schwingungsverhalten einer sphärischen Einzelblase in einer Flüssigkeit in Abhängigkeit von Zeit, Druck, Oberflächenspannung, Trägheit und Viskosität.

$$\frac{p_B(t) - p_\infty(t)}{\rho_F} = R\,\frac{d^2R}{dt^2} + \frac{3}{2}\left(\frac{dR}{dt}\right)^2 + \frac{4\nu_F}{R}\frac{dR}{dt} + \frac{2\gamma}{\rho_F R} \qquad \text{Gl. 3-5}$$

Wobei p_B der Druck innerhalb einer Blase, p_∞ der Druck der ungestörte Druck in der Flüssigkeit ist und ρ_F die Dichte der Flüssigkeit, R der Blasenradius, ν_F die kinematische Viskosität der Flüssigkeit und γ die Oberflächenspannung der Flüssigkeit darstellt. Für die Rayleigh-Plesset-Gleichung werden folgende Randbedingungen angenommen:

- Die Blasenform ist über die gesamte Aufenthaltsdauer sphärisch.
- Es gibt keinen Druck- und Temperaturgradient innerhalb der Blase.
- Es finden keine Diffusionsprozesse statt.
- Die Flüssigkeit ist inkompressibel und damit ist die Gleichung limitiert bis zur Erreichung der Schallgeschwindigkeit des Mediums (Wasser $a \sim 1.500\,\text{m/s}$).
- Auftriebs- und Gravitationskräfte können vernachlässigt werden.

Auch wenn die Rayleigh-Plesset-Gleichung streng genommen nur für das Verhalten einer sphärischen Einzelblase Gültigkeit besitzt und damit nicht die Wechselwirkungen der Blasen in einem Kavitationsfeld berücksichtigt und darüber hinaus bei Druckänderungsvorgängen Diffusionsprozesse nicht vernachlässigt werden können, lassen sich jedoch erstaunliche Rückschlüsse auf die Vorgänge in kavitierenden Strömungen ziehen.

Weitreichende Untersuchungen zur Übertragbarkeit und Erweiterung der Rayleigh-Plesset-Gleichung zur Anwendung und Konstruktion von Kavitationsreaktoren wurden u. a. von MOHOLKAR, GOGATE und PANDIT an der Universität in Mumbai unternommen [75, 85, 102]. Ein allgemeingültiger Zusammenhang, der sich aus der Rayleigh-Plesset-Gleichung für kavitierenden Strömungen ableiten lässt, ist, dass Keime mit geringen initialen Blasenradii ein schnelleres und größeres Blasenwachstum (r_0/r_{max}) aufweisen als größere Blasenkeime. Diese Blasen wachsen oszillierend in Abhängigkeit vom Druckanstieg auf der Auslaufseite der Kavitationsdüse und implodieren mit vergleichsweise geringem Druck. Da aber bei Innenströmungen hohe Turbulenzen auftreten, ist der Druckgradient lokal und zeitlich nicht mehr linear, insbesondere wenn die Geometrie der Düse sich ändert. Durch den Ersatz des Drucks p_∞ der ungestörten Strömung in der Rayleigh-Plesset-Gleichung durch eine sinusiodal Variation des Drucks bzw. der Geschwindigkeit wird deutlich, welche hohe Bedeutung Turbulenz für das Blasenverhalten besitzt: Aus dem vormals oszillierenden Blasenverhalten resultiert unter Betrachtung der Turbulenz ein rapides Wachstum der Blasen, deren maximaler Blasenradius deutlich größer wird und deren Druckimpuls sich deutlich verstärkt [75], da die kinetische Energie, die mit dem Kollaps freigesetzt wird, größer ist. Theoretisch lässt sich Kavitation auch durch Absenkung des Drucks auf der Düsenauslaufseite erzeugen. Die dabei fehlende Turbulenz hat aber zur Folge, dass der Blasenkollaps weitestgehend ohne Wirksamkeit bleibt [76].

Da während des Blasenkollapses in der Flüssigkeit gelöste Gase und Dampf in die Blase diffundieren, kann keine Inkompressibilität der Flüssigkeit mehr vorausgesetzt werden. Durch die diffundierenden Gase sinkt die Dichte in den Blasen und dadurch auch die Schallgeschwindigkeit, wodurch der erreichbare Druck und die Geschwindigkeit des Blasenkollapses deutlich abgeschwächt wird [62]. Der Einfluss der Kompressibilität macht sich aber erst ab einem kritischen Punkt (adiabatischer Blasenkollaps, wenn Partialdruck in der Blase dem Dampfdruck der Flüssigkeit entspricht) bemerkbar, in dem es zu einem zu gering berechnetem Blasenwachstum (r_0/r_{max}) und daher auch geringerem Druck und geringer Intensität bei ausschließlicher Anwendung der Rayleigh-Plesset-Gleichung kommt [77, 78, 79].

Da die Einzelblasen in Wechselwirkung miteinander stehen, treten Überstrukturen (Cluster) bestehend aus einer Vielzahl von Einzelblasen auf, die ein charakteristisches Verhalten aufweisen. Zur Berechnung der Vorgänge wurde die Rayleigh-Plesset-Gleichung mit einer nicht-linearen Kontinuums- und Impulsgleichung gekoppelt. Mit dem Ergebnis, dass sich die Überstrukturen im Prinzip wie eine einzige Einzelblase verhalten. Das heißt, auch die Überstrukturen zeigen ein Kollapsverhalten, bei dem eine Art Schockwelle vom Zentrum aus entsteht, die hohe erosive Wirkung besitzt, die sich aus dem hohen aktiven Volumen des Clusters im Vergleich zu einer Einzelblase ergibt [79, 80, 81, 92].

Für Innenströmungen ist aber auch bekannt, dass es bei großen dynamischen Blasenkollektiven zu einem verzögerten Anregen der Blasenwolken kommt, die mit deutlichem Zeitversatz auf Druckänderungen reagieren als die Einzelblasen [82].

Damit wird auch ein anderer Aspekt angesprochen. Und zwar verhalten sich die Kavitationswolken instationär und dynamisch, mit der Folge, dass es für den praktischen Betrieb immer Schwankungen im Verhalten und der Steuerung der Prozesse gibt. So ist zum Beispiel zu beobachten, dass sich in Abhängigkeit von der Kavitationszahl die Länge der Kavitationszone fluktuiert. Bei Strömungen mit hoher Kavitationszahl im Bereich von Superkavitation schwankt die Länge der Kavitationszone sinusiodal. Wohingegen es bei geringen Kavitationszahlen immer wieder zum Ablösen und Erscheinen von Wolkengebieten kommt, deren Blasen implodieren [71].

3.5 Verhalten von Partikeln in turbulenter Strömung

Viele Reaktionen, für die Kavitation genutzt werden kann, laufen zumeist in Mehrphasen-Systemen ab, in denen Feststoffe dispergiert sind, die das Kavitationsverhalten verändern. Für die Anwendung von hydrodynamischer Kavitation in der Stoffaufbereitung in denen Fasern in Wasser dispergiert sind, gelten daher spezifischere Randbedingungen, die es zu beachten gilt.

In laminaren Strömungen wirken ausschließlich Schubspannungskräfte, die als Reibungskräfte zerkleinerungswirksam werden können. Da man annehmen kann, dass in kavitierenden Strömungen turbulente Bedingungen vorherrschen, wirken hier Trägheits- und Reibungskräfte auf die Partikel. Durch die Turbulenz tritt für die lokale Geschwindigkeit eine Abweichung von ihrem zeitlichen Mittelwert (Relaxation) in Form von Wirbeln auf. Für hochturbulente Strömungen ($Re > 5.000$) können die von Kolmogorov aufgestellten Proportionalitätsbeziehungen für die Charakterisierung einer turbulenten Strömung verwendet werden. In der Kolmogorov-Theorie haben große Wirbel eine kleine Relaxationszeit. Sie besitzen die größte kinetische Energie und übertragen diese an kleinere Wirbel, die größere Relaxation aufweisen. Die kleinsten Wirbel dissipieren die Energie in Wärme. Die Größe der Wirbel wird auch Kolmogorov-Länge genannt. Für die Zerkleinerungswirkung ist das Verhältnis von Partikelgröße zu Wirbelgröße ausschlaggebend. Sind die Partikel größer oder gleich der Wirbelgröße, erfolgt eine Zerkleinerungswirkung durch deren Trägheit. [83]

In Faserstoffsuspensionen sind je nach Zusammensetzung Fasern mit einer Länge von 0,8-2,5 mm enthalten, die im hoch gequollenen Zustand eine Dichte nahe 1 g/cm³ aufweisen. Feinstoffe können mit einer Größe kleiner 200 µm angenommen werden. Zumindest die Fasern sind demnach eigentlich zu groß, um durch die Wirbel angeregt zu werden. Füllstoffbestandteile oder Druckfarbenpartikel sind dagegen in der Größenordnung von 0,5-200 µm deutlich kleiner und besitzen eine höhere Dichte (Dichte$_{CaCO3}$~ 2,7 g/cm³), die in einen Bereich fallen, der durch die Wirbel angeregt werden kann. Kleine Partikel können die kinetische Energie der dynamischen Wirbel aufnehmen, wodurch Turbulenz und damit auch die Kavitation gedämpft werden. Wechselwirkungen der Partikel untereinander sind dabei allerdings unbeachtet. Auch sind die Ausführungen auf Zweiphasen-Strömungen begrenzt. Für Dreiphasen-Strömungen aus Flüssigphase, Dampfphase und Festkörper sind die Untersuchungen ungleich komplizierter, so dass hier wenig bis keine systematischen Modelle bekannt sind. Jedoch ist bekannt, dass Zinkpartikel mit hoher Dichte und einer Größe zwischen 0,1-100 µm in einem Schallfeld so stark beschleunigt werden, dass sie miteinander verschmelzen [84].

3.6 Steuerung des hydrodynamischen Kavitationsverhaltens

Über numerische Simulation und experimentelle Untersuchungen konnten allgemeine Zusammenhänge zwischen Konstruktion und Prozessbedingungen sowie deren Einfluss auf das Kavitationsverhalten belegt werden. Anhand der Rayleigh-Plesset-Gleichung konnte nachgewiesen werden, dass die initiale Keimgröße r_0 für das Verhalten der Blasen und deren Intensität beim Kollaps alle anderen Einflussgrößen überlagert. Zugleich ist die Keimgrößenverteilung der am schwersten zu kontrollierende Parameter. Um das hydrodynamische Kavitationsverhalten einer Venturi zu steuern, können Geometrie und Prozessbedingungen in Richtung der zu erzielenden Wirkung und dem Blasenverhalten optimiert werden. Der Druckverlauf in Abb. 3-4 zeigt, dass über die Länge ein Druckverlust Δp eintritt. Der Druckverlust Δp bestimmt dabei den maximal erreichbaren Blasenradius r_{max} sowie die Größe der Blasenüberstrukturen und dadurch die maximal freisetzbare kinetische Energie, die eine Blase besitzt. Es ist daher ein möglichst geringer Druckverlust anzustreben, um die Kavitationsintensität zu optimieren bzw. ist ein ausreichend hoher Gegendruck zu realisieren, um den Zustand der Superkavitation mit einer Dampfzone zwischen dem Zentrum und der Außenwand zu vermeiden.

Ein geringer Druckverlust erhöht die Zeit des Blasenwachstums und hat wesentlichen Einfluss auf die Frequenz der Turbulenz, die Frequenz der Blasenoszillation und der Kavitationsereignisse. Dabei muss aber das Durchmesserverhältnis β aus d_0/d_1 beachtet werden. Die Erhöhung des Durchmesserverhältnisses β erhöht die Turbulenz und den Blasenradius r_{max} einer Blase. Im Zustand der Kavitation ist bei gleicher Kavitationszahl σ bei größerem Durchmesserverhältnis β der Blasenkollapsdruck stärker. Auch die Ausmaße der Blasenüberstrukturen erhöhen sich, wodurch sich zusätzlich eine Verstärkung der Kavitationsintensität ergibt [72, 80].

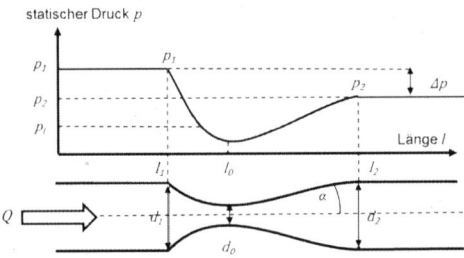

Abb. 3-4:   Schematische Darstellung geometrischer Größen in einer Venturi-Düse

Über die Länge der Venturi und dem Erweiterungswinkel α wird die Geschwindigkeit des Druckanstiegs gesteuert. Auch wenn der gleiche Δp erreicht wird, besteht ein direkter Zusammenhang zwischen Erhöhung der Geschwindigkeit und r_{max} und somit auch zur kinetischen Energie der Blasen. Veränderungen der Geometrie und Druckverhältnisse ändern immer auch den Volumenstrom Q. Allgemein erhöht sich die Kavitationsintensität mit der Anstieg des Einlaufdrucks p_1, da auch p_2 und die Geschwindigkeit der Druckanpassung erhöht werden. Aber bei konstantem Volumenstrom erhöht sich die Kavitationszahl σ. Es kann nun davon ausgegangen werden, dass ein Optimum des Einlaufdrucks existiert, da die Kavitationsbildung mit Erhöhung von σ abnimmt [72, 75, 76, 85]

Auch chemische Abbaureaktionen von Modellsubstanzen, wie Kaliumiodid oder p-Nitrophenol, die in Kavitationsreaktoren untersucht wurden [86, 87, 88, 89, 90, 91], zeigen ein Optimum, das z. B. anhand einer globalen OH-Radikalbildungsrate ermittelt werden kann. Hierbei wird aus der spezifischen Menge an OH-Radikalen , die in Folge des Blasenkollapses einer Einzelblase und der spezifischen Anzahl an Kavitationsereignisse gebildet werden, die wiederum durch die Geometrie und Prozessbedingungen bestimmt werden, eine globale OH-Radikalbildungsrate ermittelt. Diese stimmt mit experimentellen Untersuchungen, die ebenso häufig ein Optimum aufweisen, sehr gut überein [92, 93]. Das Auftreten dieses Optimums wird durch den Übergang von transienter hinzu Superkavitation erklärt, bei dem sich die Blasen gegenseitig dämpfen [59].

Die Ergebnisse haben dazu geführt, dass für spezielle Anwendungen angepasste Apparaturen entwickelt wurden, die durch geeignete Wahl der Venturi-Düse einen Erhalt des Kavitationsfeldes über eine Wegstrecke von mehreren Metern bei einem aufzuwendenden Druck von nur ca. 4 bar aufrechterhalten [94]. Entscheidend für den Wirkungsgrad ist dabei die erzielbare Raum-Zeit-Ausbeute.

In der Nutzung von hydrodynamischer Kavitation für technische Zwecke sind zwei Konfigurationen zu unterscheiden: Venturi-Düsen und Lochblenden. In Tab. 3-1 sind exemplarisch Ergebnisse aus numerischen Simulationen im Vergleich von Venturi-Düse, Lochblenden und Ultraschall zusammengefasst.

Tab. 3-1:   Vergleich zwischen hydrodynamischer und akustischer (Ultraschall) Kavitation

	Venturi [95]	Lochblenden [95]	Ultraschall [77]
Eingabe Simulation			
Initialer Keimradius r_0	100 µm	100 µm	100 µm
Druck Abströmseite p_2	1-2 bar	1-3 bar	
Durchmesserverhältnis β	0,69-0,84	0,5-0,7	
Frequenz			20 kHz
Intensität			120 W/cm²
Ergebnisse Simulation			
Blasenverhalten	Oszillierend	oszillierend und transient	oszillierend und transient
Kollapsdruck	4-45 bar	200-1.500 bar	10.000 bar

Durch die konstruktiven Unterschiede werden unterschiedliche Intensitätsniveaus der Kavitation erreicht. Durchströmte Lochblenden können genutzt werden, wenn eine hohe Energiedichte und hohe chemische Reaktivität benötigt werden, da sowohl stabile oszillierende Gasblasen als auch transientes Dampfblasenverhalten im Kavitationsfeld wirken. Einfache Venturi-Düsen sind dagegen energieeffizienter, wenn turbulenzinduzierte Vorgänge und eine hohe Frequenz der Kavitationsereignisse ausreichend sind, um den spezifischen Massen- und Energietransport zu realisieren [95, 96]. Mittels Lochblenden sind dabei annähernd Bedingungen erzielbar, wie sie durch Ultraschall erreicht werden.

Untersuchungen auf dem Gebiet der Abwassertechnik und der Chemie verdeutlichen eine wesentlich effizientere Energieausbeute bezogen auf die Reaktionsprodukte bei der Generierung von Kavitation auf hydrodynamischem Wege im Vergleich zur Induktion mittels Ultraschall [97, 98, 99, 100, 101].

Um die Effizienz von Kavitationssystemen zu erhöhen, wurden u. a. Anlagen entwickelt, die in Kombination aus einer Venturi-Düse mit einer Einspeisung von Heißdampf in kaltes Wasser arbeiten. Es wird berichtet, dass dadurch eine 4-16-fach bessere Energieeffizienz erzielt wird als bei herkömmlicher Kavitation [102].

Dies ist letztendlich auf die gleichen Vorgänge zurückzuführen, wie sie bei homogenen Keimbildungsprozessen und homogener Kavitation auftreten. Denn durch den eingespeisten Dampf wird im Prinzip die homogene Keimbildungsphase initiiert, ohne dass also zusätzlich Energie zur Bildung von homogener Kavitation aufgebracht werden muss [102, 103].

3.7 Nutzung akustischer und hydrodynamischer Kavitation zur Stoffaufbereitung von Papier

Das Prinzip der Absenkung des statischen Drucks wird in der Stoffaufbereitung bereits zur Entlüftung des Faserstoffgemischs kurz vor dem Stoffauflauf in sogenannten Deculatoren angewandt, da freies Gas u. a. Ursache für Flächengewichtsschwankungen und Pinholes sein kann, die die Papierqualität mindern. Dies führt aber nicht zu einer Änderung der Fasereigenschaften im eigentlichen Sinn.

Eine eigentliche Modifizierung von Fasereigenschaften durch Ultraschall mit piezo-elektrischen Elementen wurde bereits in den 1950er Jahren durch JAYME systematisch für Papierzellstoffe untersucht. An den damals gängigen Sulfitzellstoffen wurde beobachtet, dass das Wasserrückhaltevermögen (WRV), der SR-Wert, die Reißlänge und die Berstfestigkeit durch Ultraschall bei niedrigen Frequenzen erhöht werden. Es wurde ein Optimum bei einer Frequenz von 300-500 kHz ermittelt. Frequenzen > 800 kHz bewirkten dabei kaum eine Veränderung der Fasern [104, 105], da höhere Frequenzen das Blasenwachstum und die Aufenthaltsdauer der sich bildenden Blasen verringern [77]. In der Folge wurde sich im Wesentlichen auf Frequenzen von 20 kHz für weitere Untersuchungen zur Faserbehandlung beschränkt.

Die technologischen Entwicklungen auf dem Gebiet des Holzaufschlusses führten dazu, dass die im sauren Aufschluss hergestellten Sulfitzellstoffe durch alkalisch aufgeschlossene Sulfatzellstoffe als Hauptzellstoffart in der Papierherstellung abgelöst wurden. Die in ihrem Festigkeitsniveau höher liegenden Sulfatzellstoffe konnten allerdings nur nach vorheriger Mahlung noch weiter durch Ultraschallbehandlung in ihren Festigkeitseigenschaften verbessert werden. Vorteilhaft war hier vor allem die geringe Faserkürzung im Vergleich zur Mahlung. [106, 107]

Anscheinend muss ein gewisses Maß an chemischer oder mechanischer Faserschädigung vorliegen, um weitere Bindungen in der Faserwand aufzubrechen. Denn im Gegensatz zu den Primärfaserstoffen konnte Ultraschall erfolgreich zur Verbesserung der Papiereigenschaften von Sekundärfaserstoffen beitragen.

Bei Altpapier mit Offset-Druck und Laserdruck für grafische Papiere wurde z. B. von TATSUMI et al. (2000) [108] vor der ersten Flotationsstufe Ultraschall eingesetzt, so dass je nach Energieeintrag der Weißgrad um 5-25 %-Punkte im Vergleich zu einer herkömmlichen Flotation verbessert wurde und auch die Papierfestigkeit durch eine stärkere Fibrillierung und teilweise reversible Verhornung erhöht werden konnte. Die Erhöhung des Weißgrades hängt vor allem mit einer besseren Ablösung der Druckfarbenpartikel und einer Zerkleinerung der größeren Druckfarbenpartikel in einen flotierbaren bzw. in den nicht sichtbaren Größenklassenbereich zusammen [109, 110]. Der Energieverbrauch ist aber in jedem Fall mit 270-2.700 kWh/t [108] als sehr hoch zu bewerten. Eine Energiereduzierung kann durch eine Erhöhung des statischen Drucks im System erzielt werden. GROSSMANN, FRÖHLICH und WANSKE (2011) ermitteln bei einem statischen Druck von 2 bar einen Energieverbrauch von 400 bis 800 kWh/t im Deinking. Sie führen einen Vergleich auf Basis des Energieeintrags pro Weißgradpunkt ein und zeigen, dass der Energieeintrag bezogen auf den Effekt der Weißgradsteigerung durch eine Erhöhung des Drucks halbiert wurde [110].

Neben der Erzeugung von akustischer Kavitation mittels piezo-elektrischen Elementen kann Ultraschall auch über mechanische Ultraschallgeber induziert werden, die im Übergangsbereich zu hydrodynamisch erzeugter Kavitation arbeiten. Es handelt sich im Wesentlichen dabei um eine Strömung, die durch eine Lochblende auf ein bewegliches Schwingelement z. B. in Form einer Schneide trifft und diese durch Turbulenz zum Schwingen anregt, wobei senkrecht zu dem Schwingelement Ultraschall entstehen kann. In der Anwendung zur Druckfarbenentfernung zeigte sich, dass besonders effizient auch schwer zu deinkende Druckprodukte ohne weiteres eingesetzt werden konnten, um Papiere mit Weißgraden von 74-76 % herzustellen. Durch die Optimierung der Stoffdichte auf bis zu 6-8 % betrug der Energiebedarf nur 150-200 kWh/t. Allerdings wurde der Abstand von Lochblende zu Schwingelement bzw. Durchmesser der Lochblende in einem Bereich von 1,50-9,44 mm ausgelegt, was zu Problemen in der störungsfreien Förderung des Faserstoffs führte. [111, 112]

Die Eigenschaften der Faserstoffe hinsichtlich papiertechnologischer Kennwerte entwickeln sich in Gegenüberstellung unterschiedlicher Untersuchungen sehr ähnlich. Im Vergleich zur Mahlung findet keine oder nur eine geringe Faserkürzung statt und es wird weniger Feinstoff gebildet, wodurch die Entwässerung verbessert wird. Dabei steigen die Zugfestigkeit um 6-8 Nm/g und auch die Durchreißfestigkeit erfährt eine Erhöhung, was für die Verpackungsaltpapiere eher ungewöhnlich ist, da mit zunehmender Mahlung eine Faserkürzung und damit ein Rückgang der dynamischen Festigkeitskennwerte eintritt. [107, 106, 111, 112, 113]

Bis hin zur industriellen Anwendung in der Zellstoff- und Papierherstellung wurden in der ehemaligen UdSSR mechanische Ultraschallgeber entwickelt. Es ist bekannt, dass in mindestens zwei Papierfabriken der UdSSR solche Anlagen zur Altpapieraufbereitung genutzt wurden. Die Entwicklungen basierten auf der Arbeit von KOZULIN (1976) [114] und fanden Anwendung zur Entharzung von Sulfitzellstoffen und zur Altpapieraufbereitung [115]. Aus internen unveröffentlichten Protokollen des VEB WTZ der Zellstoff- und Papierindustrie Heidenau geht hervor, dass ein Energiebedarf mit 30 kWh/t angegeben wurde [116].

Im Gegensatz zur akustischen Kavitation ist die Nutzung hydrodynamischer Kavitation in der Aufbereitung von Faserstoffen weitestgehend unbekannt. Aus Japan sind Patente und Veröffentlichungen bekannt, die zeigen, dass über ein Hochdruckventil, Venturi oder jeder anderen Konstruktion, die eine notwendige Kavitationszahl unterschreitet, die Druckfarbenabtrennung von der Faser und Druckfarbenzerkleinerung deutlich verbessert werden kann. Als positiver Nebeneffekt wird ebenso eine Streckung der Fasern und Erhöhung der Papierfestigkeiten erwähnt. Die beschriebenen Bedingungen sind aber hinsichtlich Durchmesser der Düsen von 0,5-5,0 mm und Zulaufdruck von 5-90 bar eher in den Bereich der Hochdruckhomogenisierung einzuordnen, so dass es auch nicht verwundert, wenn Energieeinträge von 200 kWh/t für eine Änderung der Entwässerung um 100 ml CSF berichtet werden [117, 118, 119, 120]. Interessant sind allerdings die verfahrenstechnischen Lösungen, die u. a. beinhalten, dass zuerst über einen Wasserstrahl das Kavitationsfeld gebildet wird, dem später der Faserstoffstrom zugeführt wird.

Die Nutzung von klassischen Venturi-Düsen zur Verbesserung der Druckfarbenabtrennung ist dagegen nur wenig untersucht. Es sind Versuchsaufbauten zur Behandlung von Altpapier für grafische Papiere mit Düsendurchmessern von 22,5-54,5 mm und einem Zulaufdruck von 7 bar beschrieben [121]. Allerdings liegen keine Ergebnisse hinsichtlich Veränderung der Faser- und Papiereigenschaften oder der Energieeffizienz vor.

4   Arbeitshypothesen und Ableitung des Lösungsweges

Anhand der verfügbaren Literatur und des technischen Wissens ist zu erkennen, dass die entstehenden Kräfte in einem hydrodynamischen Kavitationsfeld in der Lage sind, Faser- und Papiereigenschaften in ähnlichem Umfang wie mit akustischer Kavitation zu verändern. Dies betrifft vor allem die Mahlungswirkung zur Steigerung der Papierfestigkeiten und die Druckfarbenablösung und- zerkleinerung zur Verbesserung der optischen Eigenschaften.

Als Ursache für diese Effekte werden im Allgemeinen die Bildung von Hydroxylradikalen, Druckimpulse und Scherkräfte der implodierenden Microjets bzw. der turbulenten Strömung herangezogen. Im Vergleich zum Hochleistungs-Ultraschall sind die Vorgänge, die zum Entstehen von kavitierenden Strömungen führen, komplexer, da das Einsetzen der Kavitation und deren Intensität deutlich stärker von den Fluideigenschaften (Oberflächenspannung, Viskosität, Temperatur, Gehalt an gelösten Gas, Gasart, Kavitationskeime) beeinflusst sind und ein breiteres Frequenzspektrum der kollabierenden Blasen vorherrscht.

Es fehlen daher bisher systematische Untersuchungen in welchem Umfang hydrodynamische Kavitation für die Stoffaufbereitung in der Papierherstellung nutzbar ist. Aus dem Stand der Technik und der Problemanalyse leiten sich drei Arbeitshypothesen ab, die in der vorliegenden Arbeit untersucht wurden.

- Hypothese 1: Die Fluideigenschaften bestimmen im wesentlichen Umfang die Kavitationseigenschaften. Die Eigenschaften einer Faserstoffsuspension führen zu einer Veränderung der Kavitationsintensität, da zwar freies Gas, Füllstoffe, Fasern und Feinstoffe als zusätzliche Kavitationskeime wirken können, aber bei den gängigen Feststoffkonzentrationen der Stoffaufbereitung der Energie- und Massentransport behindert ist.

- Hypothese 2: Das in der gequollenen Faserwand gebundene Wasser wird ebenso in der Unterdruckzone der Kavitationsdüse in Dampf umgewandelt und führt zu einer inneren Delaminierung der Faserstruktur, wodurch die Faser- und Papiereigenschaften maßgeblich verändert werden.

- Hypothese 3: Der energieintensive Kollaps von Dampfblasen und die turbulenten Strömungsbedingungen führen hauptsächlich zu Veränderungen der äußeren Faserwandschichten und einer damit verbundenen äußeren Fibrillierung der Fasern, die die Bindungseigenschaften der Fasern und den Abbau von Bestandteilen mit geringer Bindungsfestigkeit beeinflussen.

Aufbauend darauf wurde der in Abb. 4-1 dargestellte Lösungsweg entwickelt. Im ersten Schritt sollte ein Versuchsstand mit einer Kavitationsdüse aufgebaut werden, der es erlaubt, Kavitation in eine Faserstoffsuspension zu übertragen. Zur Maßstabsvergrößerung wurde im weiteren Verlauf eine Pilotanlage aus der Abwassertechnologie genutzt. Um Einflüsse der Prozessbedingungen und der Fluideigenschaften zu untersuchen, sollte eine Messmethodik entwickelt werden, mit der die Kavitationsintensität in Abhängigkeit von den Fluideigenschaften bewertet werden kann. Dazu wurden der Abbau von Kaliumiodid anhand der Weissler-Reaktion und eine akustische Messkette mittels eines piezo-elektrischen Sensors untersucht. Letzteres hat den Vorteil, dass es auch auf Faserstoffsuspensionen anwendbar ist.

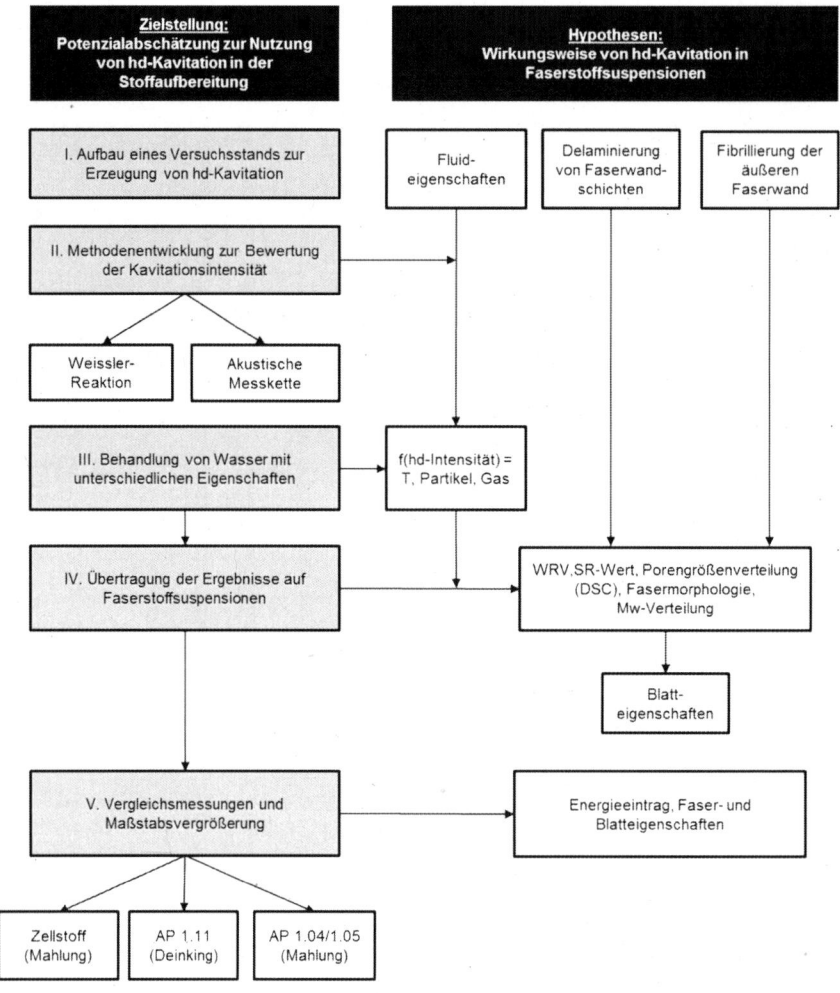

Abb. 4-1:   Lösungsweg der Untersuchung

Mittels der akustischen Messkette wurde anschließend die Kavitationsintensität in Abhängigkeit vom Anteil an gelöstem und freiem Gas sowie dem Keimspektrum untersucht. Anhand der Ergebnisse wurden Aufbereitungsbedingungen für Faserstoffsuspensionen und der Einfluss von hydrodynamischer Kavitation auf die Faserstoffeigenschaften analysiert. Im letzten Schritt sollte anhand von Zellstoff, Altpapier für grafische Papiere und Altpapier für Verpackungspapiere geprüft werden, welche Möglichkeiten bestehen, um hydrodynamische Kavitation in die Stoffaufbereitung zu integrieren.

5   Durchführung und Methoden

5.1   Anlagen und Geräte zur Kavitationsbehandlung

5.1.1   Kavitationsdüse nach Heller für Laboruntersuchungen

Für Laboruntersuchungen kam die von HELLER konstruierte Kavitationsdüse zum Einsatz, die ursprünglich entwickelt wurde, um Zugspannungen in Flüssigkeiten möglichst frei von Wandeinflüssen zu bewerten. Die Düse war dahingehend optimiert, dass ein Drallerzeuger vor der Düse die Strömung in Rotation versetzen sollte, wodurch in Folge der Zentripetalkraft im Zentrum der Düse die größte Geschwindigkeit und damit die höchste Druckdifferenz vorherrscht, um Kavitation zu erzeugen. Eine schematische Darstellung und ein Bild der von HELLER entwickelten Düse mit einem Durchmesser im engsten Querschnitt d_0 von 8 mm ist in Abb. 5-1 skizziert. Im Laufe der Untersuchungen wurde die aus Polyacryl gefertigte Düse durch eine Version aus Metall mit einer Aluminiumlegierung ersetzt.

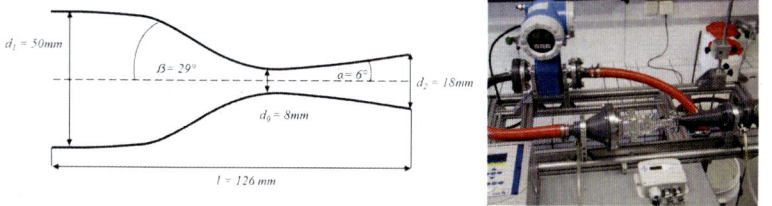

Abb. 5-1:   Laborkavitationsdüse nach Heller und Abbildung des Versuchsstands

Während der Untersuchungen wurde auf den Drallerzeuger des Versuchsstands verzichtet, da mit ihm keine nennenswerten Effekte erzielt wurden und kein störungsfreier Betrieb durch sich ablagernde Fasern in den Leitschaufeln möglich war. Je nach Volumenstrom und Untersuchungszweck wurden unterschiedliche Pumpen zur Beschickung der Anlage benutzt. Im Betrieb mit reinem Wasser ohne Faserstoffe kam eine Hochdruckkreiselpumpe (Fa. KSB, MovitecV) mit einem maximalen Volumenstrom Q_{max} von 90 l/min und einer Leistung P von 1,09 kW zum Einsatz. Zur störungsfreien Beschickung der Kavitationsdüse mit Faserstoff wurde dagegen eine Exzenterschneckenpumpe (Fa. Netzsch) mit Q_{max} von 250 l/min und einer Leistung P von 2 kW genutzt. Dabei wurde jeweils im Kreislauf aus einem Behälter mit 30-100 Liter Fassungsvermögen gearbeitet. Zur Bestimmung des Einlaufdrucks p und der Druckdifferenz Δp zwischen Einlauf der Düse und Auslauf wurde vor dem Drallerzeuger und hinter dem Diffusor ein Drucksensor (Fa.Setra, Modell 231 Multi Sense®) installiert.

Tab. 5-1 listet die Kenngrößen zur Beschreibung der Laborkavitationsdüse nach Heller auf.

Tab. 5-1:   Kenngrößen der Kavitationsdüse nach Heller für Wasser 23 °C

Volumenstrom Q [l/min]	Düsendurch- messer [mm]	Strömungs- geschwindigkeit v_A [m/s]	Druck Δp [bar]
20	8	6,6	0,05
30	8	9,9	0,07
40	8	13,3	0,15
50	8	16,6	0,30
60	8	19,9	0,85
70	8	23,2	1,50
80	8	26,5	2,30
90	8	29,8	3,20
100	8	33,2	3,86
110	8	36,5	4,90
120	8	39,8	5,50

5.1.2 Kavitationsdüse im Pilotmaßstab

Als Ergebnis der Laborversuche wurden mittels einer Pilotanlage zur Klärschlammdesintegration (Fa. Biogest, Taunusstein) die Möglichkeiten der Maßstabsvergrößerung untersucht. Die Pilotanlage besteht aus einer Kavitationsdüse mit einem Durchmesser d_0 von 12 mm im engsten Querschnitt, die mittels einer Exzenterschneckenpumpe mit einer Durchflussrate von max. 15 m³/h beschickt wird. Der Aufbau der Anlage ist in Abb. 5-2 zu erkennen.

(1) Venturi-Düse, d_0 = 12 mm

(2) Exzenterschneckenpumpe, Q_{max} = 15 m³/h

(3) Induktionsdurchflussmesser

(4) Drucksensor

(5) Absperrschieber am Düsenausgang

(6) Einlauf

(7) Auslauf

(8) Steuerung

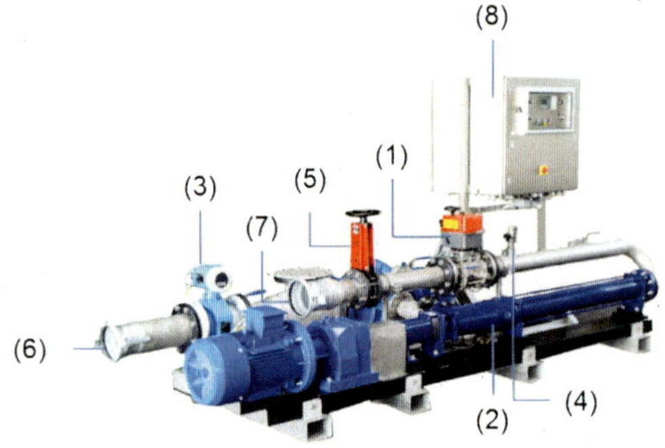

Abb. 5-2:   Aufbau der Versuchsanlage im Pilotmaßstab

Für die Steuerung der Kavitationsanlage wird der Einlaufdruck vor der Düse über einen Drucksensor gemessen. In Abhängigkeit vom Einlaufdruck wird die installierte Exzenterschneckenpumpe frequenzgesteuert geregelt. Dadurch werden stoffliche Änderungen der Viskosität, die aus schwankender Temperatur oder Stoffdichte resultieren, ausgeglichen. Eine Notabschaltung setzt ein, sobald ein Druck von 14 bar auf der Einlaufseite erreicht ist. Da die Anlage ursprünglich für den Betrieb von Gärresten und Abwasser konstruiert wurde, war vor der Zuführung zur Kavitationsdüse noch ein Grobzerkleinerer vorgesehen, der für die Untersuchungen allerdings ausgebaut wurde.

5.2 Faserstoffaufbereitung und Kavitationsbehandlung

5.2.1 Eingesetzte Faserstoffe

Für die Untersuchungen wurden die Faserstoffe aus Tab. 5-2 eingesetzt. Aus der Gruppe der Primärfaserstoffe wurden jeweils ein handelsüblicher gebleichter Kurz- und Langfaserzellstoff bezogen. Der Kurzfaserzellstoff stammte aus Südamerika und der Langfaserzellstoff aus Mitteleuropa. Sie wurden zusätzlich mit einem von der PTS entwickelten Scheibenrefiner mit definiertem Energieeintrag gemahlen. Des weiteren wurde ein BCTMP als Vertreter der Hochausbeutefaserstoffe eingesetzt, da die Fasern im Gegensatz zum Zellstoff noch den ursprünglichen Gehalt an Lignin enthalten, das wesentlich die Faserflexibilität, Reaktivität und optische Eigenschaften der Fasern beeinflusst.

Tab. 5-2:   Liste der verwendeten Faserstoffe

Faserstoff	Baumart/AP-Sorte	Abk.	Bemerkung
Kurzfaserzellstoff	*eucalyptus urograndis*	KF	ECF Sulfatzellstoff
Langfaserzellstoff	*picea abies/pinus silvestris*	LF	ECF Sulfatzellstoff
Holzstoff	*popolus spec.*	BCTMP	Hochausbeutefaserstoff
Verpackungsaltpapier	AP-Sorte 1.02/1.04	WS I	Wellenstoff, ungeleimt
Verpackungsaltpapier	AP-Sorte 1.04/1.05	WS II	Stoffproben PF
Grafisches Altpapier	AP-Sorte 1.11	DIP I	Nach Vorflotation, Stoffprobe PF
Grafisches Altpapier	AP-Sorte 1.11	DIP II	Altpapier, eigene Sammlung

Als Sekundärfaserstoffe wurden Faserstoffe für die Herstellung von Verpackungspapieren und grafischen Papieren gewählt. WS I war dabei ein ungeleimter industriell hergestellter Wellenstoff bestehend zu je 50 % aus der Altpapiersorte 1.02 und 1.04., der als Rollenware zur Verfügung stand. DIP I wurde aus einer Papierfabrik bezogen, wobei die Probe vor dem Einlauf zum Disperger entnommen wurde. DIP II wurde dagegen aus gealterten Zeitungen und Zeitschriften zusammengestellt und vor der Herstellung in Wasser bei einer Stoffdichte in einem Lamort-Pulper für 15 min gelöst.

5.2.2 Kavitationsbehandlung im Labormaßstab

Die Primärfaserstoffe und der WS I wurden vor Behandlung in der Labor-Kavitationsdüse - soweit nicht anders beschrieben - vor dem Einsatz für mindestens 3 Stunden in Leitungswasser gequollen und anschließend mit 15.000 Umdrehungen in einem Labor-Desintegrator (Stofflöser) bei einer Stoffdichte von 2 % in Leitungswasser suspendiert. Für größere Ansätze bis 100 l wurde die Suspendierung in mehreren Schritten in einem Lamort-Pulper für 15 min bei einer Stoffdichte von bis zu 4 % und einer Umdrehung von 700 min^{-1} durchgeführt.

Da DIP I als Stoffprobe vom Einlauf des Dispergers aus einer Papierfabrik vorlag, konnte auf die Alterung, Homogenisierung und Chemikaliendosierung verzichtet werden. Der Faserstoff wurde jeweils mit Leitungswasser auf die gewünschte Stoffdichte verdünnt und vor der Behandlung in der Laborkavitationsdüse in einem Lamort-Pulper für 5 min bei einer Stoffdichte von 4 % und einer Umdrehung von 700 min^{-1} homogenisiert. Die Flotation erfolgt wie mit der Laborflotationszelle der Fa. Voith und die Herstellung der Probeblätter und Filterpads nach Anweisung der INGEDE Methode 1 und der INGEDE Methode 5 (siehe auch Kap. 5.4.3).

Die Faserstoffsuspensionen wurden anschließend in den bereits mit Leitungswasser gefüllten Vorlagebehälter des Versuchsstands unter ständigem Rühren überführt. Dies erfolgte bei bereits eingeschalteter Pumpe bei einem Volumenstrom von ca. 10 l/min, so dass eine optimale Stofflösung ohne bereits einsetzende Kavitation gewährleistet werden konnte. Der Faserstoff wurde so 2-3 Mal durch die Anlage gefördert, bevor die Versuchsparameter eingestellt wurden.

Zur Probennahme für fasermorphologische Messungen, Wasserrückhaltevermögen und Entwässerungswiderstand wurden während der Versuche Proben aus dem Vorlagebehälter entnommen. Nach Beendigung der Versuche erfolgte die Blattbildung in einem Rapid-Köthen Blattbildner nach DIN EN ISO 5269-2 mit einem Flächengewicht von 80 g/m², um Festigkeitseigenschaften sowie die optischen Eigenschaften zu prüfen. Für Versuche zur Deinkbarkeit wurde entsprechend der INGEDE-Methoden die Probenaufbereitung und Blattbildung vorgenommen (siehe Kap. 5.4.3).

5.2.3 Kavitationsbehandlung im Pilotmaßstab

Die Faserstoffe WS II und DIP II wurden mittels der zuvor beschriebenen im Pilotmaßstab vorhandenen Düse, die einen höheren Durchsatz erlaubt, behandelt. Für WS II wurde die Pilotanlage in der Stoffaufbereitung einer Papierfabrik aufgestellt und direkt aus den Stoffströmen beschickt. Für Versuche im mehrfachen Durchlauf wurden 600-800 l der Stoffproben in einen Behälter mit 1 m³ Fassungsvermögen gepumpt und anschließend bei den gewählten Versuchsparametern mehrfach durch die Pilotanlage geführt. Zum besseren Umtrieb wurde zusätzlich ein Rührwerk angebracht.

Bei WS II wurde sowohl für die Blattbildung als auch für die Messung des Entwässerungswiderstands, der Fasermorphologie und der Papiereigenschaften der automatische Faseranalysator FibreExpert (Fa. Metso) genutzt. Die Messung der Papiereigenschaften erfolgte dabei nicht an klimatisierten Blättern sondern an Proben, die unmittelbar nach der Trocknung bei 105 °C geprüft wurden. Entgegen der Norm erfolgte die Messung der Papiereigenschaften dabei nur an vier Probeblättern.

Für die Behandlung des DIP II in der Pilotanlage wurde der Faserstoff im Technikum der PTS in einem industriell arbeitenden Stofflöser bei einer Temperatur von 45 °C und einer Stoffdichte von 15 % unter Zugabe von Deinking-Chemikalien (Einsatzmengen: 0,6 % NaOH, 1,8 % Na_2O_3Si, 0,7 % H_2O_2, 0,8 % $C_{18}H_{34}O_2$ bezogen auf Feststoff) für 15 min desintegriert. Anschließend erfolgte nach der Lagerung eine Verdünnung der Suspension auf 2 %, um die Reaktion der Deinking-Chemikalien während des Transports zur entfernten Pilotanlage zu minimieren. Die Versuche erfolgten hier aus einem Behälter mit Rührwerk. Die behandelten Faserstoffsuspensionen wurden anschließend in Fässern unverdünnt ins Labor transportiert und unmittelbar entsprechend den INGEDE Methoden zur Bewertung der Deinkbarkeit gebildet (siehe auch Kap. 5.4.3).

5.3 Bewertung der Kavitationsintensität

5.3.1 Akustische Messkette

Im Moment des Blasenkollapses entstehen charakteristische Schall- und Druckwellen im Medium. Über Schall- bzw. Drucksensoren können die Signale aufgenommen werden und zur Bewertung des Blasenverhaltens und der Kavitationsintensität genutzt werden. Sie wandeln den Schalldruck im Wasser in eine dem Schalldruck entsprechende elektrische Spannung um. Hydrophone werden dabei direkt in das flüssige Medium zur Messung eingebracht, können mitunter aber das Kavitationsverhalten beeinflussen. Zur Auswertung kann die Amplitude der hochfrequenten Schall-/Druckereignisse herangezogen werden. Messungen mit Schall- und Drucksensoren ergaben, dass bei hydrodynamischer Kavitation Frequenzen im Bereich 10-20 kHz und höher auftreten. Der Vorteil von Schalldrucksensoren besteht darin, dass deutlich höhere Frequenzbereiche erfasst werden können. In Abhängigkeit von den Prozessbedingungen ändert sich im hochfrequenten Bereich die Amplitude. Insbesondere bei Beschleunigungssensoren können Schwingungen aus dem unmittelbaren Betrieb der Venturi-Düse oder durch Dämpfung des Signals an der Apparatur zu verfälschten Ergebnissen führen. [122, 123, 124, 125]

Zur Bewertung der Kavitationsintensität wurde dennoch ein piezo-elektrischer Beschleunigungssensor der Fa. Kistler Typ 8732A500/34A500 genutzt. Der Beschleunigungssensor kann die Amplituden der Schwingung in xg , mV oder näherungsweise in Form einer Geschwindigkeit in mm/s ausgeben. Die Eigenschaften des Beschleunigungssensors sind wie folgt:

- Messbereich: ±500 xg

- Empfindlichkeit: 10.83 mV/xg

- Eigenfrequenz (montiert): 76 kHz

- Temperaturbereich: -54...120 °C

- Ausgangsimpedanz: < 100 Ω

- Ruhespannung: 12 V

- Seitenempfindlichkeit: 1,2 %

In den Untersuchungen hat sich gezeigt, dass weniger die Position des Sensors, als vielmehr die Art der Befestigung auf der Kavitationsdüse das Messergebnis beeinflusste. Daher wurde der Sensor mit einer möglichst dünnen Wachsschicht auf der Oberfläche etwa 30-50 mm vom engsten Querschnitt in Fließrichtung entfernt befestigt. Durch einen Kuppler wurde der Beschleunigungssensor mit einem Konstantstrom von wenigen Milliampere versorgt. Vom Kuppler ausgehend, wurde eine Verbindung mit einem I/O Modul AMDT einer Message-Box geknüpft. Die Abtastrate des I/O Moduls AMDT betrug 4.096 Hz. Dieses Modul verfügt über einen DSP (Digital Signal Prozessor), der das Signal des Sensors auswertet und digitalisiert.

Aufzeichnung, Speicherung und Auswertung, der vom Beschleunigungssensor abgegebenen Signale wurde mit der PC-Software „ProfiSignalBasic" vorgenommen. Die Auswertung der Daten erfolgte anhand der Peak-peak-Werte (Abstand Minima zu Maxima in x_g) der Amplituden der Beschleunigungskennwerte.

5.3.2 Weissler-Reaktion

In der Literatur sind unterschiedliche chemische Abbaureaktionen beschrieben, die genutzt werden können, um die Kavitationsintensität zu bewerten (Tab. 5-3). Am weitesten verbreitet ist die Bildung von Triiodid (I_3^-) aus einer KI-Lösung (Weissler-Reaktion) [86]. Beim Blasenkollaps entstehen durch die lokal auftretende hohe Temperatur und den Druck OH-Radikale. Die entstandenen Radikale reagieren weiter zu Wasserstoffperoxid und Wasserstoff. Es wird angenommen, dass diese Reaktion in der Kavitationsblase selber und nicht in der Flüssigphase abläuft [126]. Je stärker die Kavitation ist, desto mehr Wasserstoffperoxid wird gebildet. Das Iod reagiert über verschiedene Intermediate weiter zu I_3^- [88], dessen Konzentration mittels UV-Spektrometer durch Extinktion bei einer Wellenlänge 350 nm bestimmt werden kann.

Diese Methode wurde auch in den vorliegenden Arbeiten genutzt, um die grundsätzliche Eignungsfähigkeit der Düsenkonstruktion zur Erzeugung von Kavitation in Wasser zu prüfen. Es wurde dabei keine Faserstoffsuspension eingesetzt. Die Konzentration der KI-Lösung wurde auf 20 g/l eingestellt. Mittels eines UV/Vis-Spektrometers (Fa. Hach Lange DR 5000) wurde der Gehalt an I_3^- bei einer Wellenlänge von 350 nm ermittelt und über den gebildeten Iod-Komplex anhand einer Kalibrierkurve Rückschlüsse auf die Kavitationsintensität gezogen. Je Versuchspunkt wurden fünf Einzelmessungen durchgeführt und der Mittelwert gebildet.

Tab. 5-3:   Chemische Abbaureaktionen zur Bewertung der Kavitationsintensität

Reaktion	Eignungsfähigkeit	Bemerkungen	Quelle
Abbau von Kaliumiodid	+++	Weissler-Reaktion	[86, 87, 88]
Abbau Rhodamin B	--	neigt zum Verkleben	[89]
Abbau PNP (p-Nitrophenol)	--	langsamer Abbau	[90]
Abbau von Oxalessigsäure	--	pH-Wert < 5	[91]

5.3.3 Messung Gasgehalt und Keimgrößenverteilung

Für das Einsetzen von Kavitation und die Kavitationsintensität sind neben den hydrodynamischen Verhältnissen vor allem die Anzahl und Größenverteilung der Kavitationskeime bedeutend. Je geringer der initiale Keimradius r_0 ist, desto höher ist der maximale Druck im Blasenkollaps. Solche Keime können freies Gas im Wasser, Wandrauigkeiten oder mikrometergroße Verunreinigungen sein. Gleichzeitig kann im Wasser gelöstes Gas den Blasenkollaps mindern (siehe auch Kap. 3). Um zu ermitteln, welche Wasser- und Suspensionseigenschaften eingestellt werden müssen, die ein möglichst intensives Kavitationsverhalten unterstützen, wurden folgende Eigenschaften an reinem Wasser und teilweise auch an Faserstoffsuspensionen ermittelt:

- der Anteil an gelöstem Sauerstoff mittels Oximeter (Oxi 7310, Fa. WTW),

- der Anteil an freien Gasen über den EGT-Tester (Entrained Air Tester, Fa. GB Machining Inc.),

- die initiale Keimgröße, Keimgrößenverteilung und Keimanzahl mittels Fotodetektor, der in Abhängigkeit von der Partikelgröße die Extinktion als Messprinzip nutzt (Flüssigkeitspartikelzähler FAS 362, Fa. TOPAS).

5.4 Bewertung von Faser- und Papiereigenschaften

5.4.1 Fasereigenschaften

Durch die ablaufenden Vorgänge in einer Venturi-Düse wurde angenommen, dass sich die Faser- und Papiereigenschaften in Abhängigkeit von den Prozessbedingungen ändern. Tab. 5-4 listet die angewandten Normmethoden zur Bestimmung der chemischen und physikalischen Fasereigenschaften auf.

Tab. 5-4: Normmethoden zur Bestimmung der Fasereigenschaften

Parameter	Norm
Fasermorphologie	Gerätevorschrift FiberLab/FibreExpert (Fa. Metso) Digitalmikroskop (Fa. Keyence)
Entwässerungswiderstand (SR-Wert)	DIN ISO 5267/1
Wasserrückhaltevermögen (WRV)	ZM IV/33/57
Oberflächenladung	nach WAGBERG und ÖDBERG [127]
Grenzviskositätszahl (GVZ)	ISO 5351-1
Alkalilöslichkeit $S_{\%NaOH}$ (S_5, S_{10}, S_{18})	DIN 54356

Die Veränderung der Faserlänge, des Feinstoffs und des Formfaktors (Curl) wurde mit dem automatischen Faseranalysator FibreLab 4.0 (Fa. Metso) bzw. mit dem automatischen Faseranalysator FibreExpert (Fa. Metso) analysiert. Dabei werden 10.000-20.000 Fasern aus einer hoch verdünnten Suspension über zwei CCD-Kameras aufgenommen und bildanalytisch über eine Grauwertanalyse ausgewertet. Für jede automatisierte Faseranalyse wurde eine Doppelbestimmung durchgeführt. Daneben erfolgten mikroskopische Aufnahmen von ausgewählten Faserstoffen mit einem Digitalmikroskop (Fa. Keyence). Der Entwässerungswiderstand nach Schopper-Riegler (SR-Wert) ist ein Kennwert für die spezifische Oberfläche, den Fibrillierungsgrad und ist auch ein technologischer Parameter zur Bewertung der statischen Entwässerung in der Papierherstellung. Ein ebensolcher Summenparameter ist das Wasserrückhaltevermögen (WRV). Es beschreibt den Anteil an Wasser in der Faserwand, der über Zentrifugation bei $3.000 \, xg$ nicht mehr abgetrennt werden kann. Damit kann zum einen die Menge an thermischer Energie zur Trocknung in der Papiermaschine abgeleitet werden und zum anderen werden damit die Faserflexibilität und das Quellungsverhalten beschrieben. Jeder Analyse des WRV liegt eine vierfache Bestimmung der Versuchspunkte zu Grunde.

Des Weiteren wurde an ausgewählten Proben über eine Polyelektrolyt-Titration die Bestimmung der Oberflächenladung vorgenommen. Unter dem Begriff „Oberflächenladung" versteht man die Gesamtheit der Ladungsträger an der Oberfläche von Faserstoffen, Füllstoffen und Mikrokolloiden, die für die eingesetzten Polyelektrolyte zugänglich sind. Die Ladungsträger sind bei Faserstoffen hauptsächlich Carboxyl- und Sulfonsäuregruppen. Für die Messung wurde die zu untersuchende Probe mit einem Überschuss eines kationischem Polyelektrolyten (Poly-DADMAC) umgesetzt. Anschließend wurde der Feststoff der Probe abfiltriert und am Filtrat die nicht verbrauchte Menge des kationischen Polyelektrolyten mit einer Lösung eines anionischen Polyelektrolyten (PES-Na) im Partikelladungsdetektor (PCD, Fa. BTG Mütek) zurücktitriert. Dabei hat die Molmasse des verwendeten kationischen Polyelektrolyten Einfluss auf den Messwert, da abhängig von der Molmasse der Polyelektrolyt mehr oder weniger in das Innere der Probe eindringen kann und somit mehr oder weniger Ladungsträger zugänglich sind. Bei Faserstoffen werden oberhalb einer Molmasse von 100.000-200.000 g/mol hauptsächlich die Ladungszentren an der Oberfläche erreicht. Dadurch wird die Oberflächenladung bestimmt. Die im Inneren der Faser befindlichen Ladungsträger werden somit nicht erfasst.

Die Grenzviskositätszahl (GVZ) wurde über die Viskosität eines in CUEN gelösten Zellstoffs nach ISO 5351-1 bestimmt. Sie gibt einen Hinweis auf den mittleren Polymerisationsgrad der Celluloseketten und lässt Aussagen zum Abbaugrad der Cellulose zu. Die GVZ gibt den Mittelwert aller Fraktionen an Cellulose an. Aussagekräftiger, welche Bestandteile der Faserwand angegriffen werden, sind Messungen zur Löslichkeit in unterschiedlich konzentrierter Natronlauge (Alkalilöslichkeit) und Messungen zur Molekulargewichtsverteilung. Über die Alkalilöslichkeit $S_{\%NaOH}$ werden unterschiedliche, in Natronlauge lösliche Fraktionen der Cellulose und Hemicellulose ermittelt:

- S_{18} Rückschluss auf α-Cellulose

- S_{10} niedermolekulare kurzkettige Cellulose und Hemicellulosen

- S_5 kurzkettige und lösliche Hemicellulosen

Die Löslichkeitskurve weist dabei ein Maximum bei 10 %-NaOH Konzentration auf, da durch eine starke Quellung der Zellwand bei 18 %-NaOH-Konzentration die Fibrillenstruktur dem Quelldruck entgegenwirkt und den Lösungsprozess behindert und daher die S_{18} niedriger ist als die S_{10}.

Die Messung der Molekulargewichtsverteilung erfolgte durch polymeranaloge Umsetzung der Cellulose zu Cellulosetricarbamat und anschließender Lösung in Tetrahydrofuran, so dass die Molmassenverteilung mittels Gel-Permeations-Chromatographie mit Vielwinkel-Lichtstreuung (GPC-MALLS) bestimmt werden konnte. Die Messung der Molekulargewichtsverteilung wurde mit freundlicher Unterstützung des Fraunhofer-Instituts für Angewandte Polymerforschung IAP in Potsdam-Golm durchgeführt.

Außerdem konnte angenommen werden, dass durch die ablaufenden Prozesse während der Kavitation ebenso eine Veränderung der Porengrößenverteilung eintritt, ähnlich wie dies durch Mahlungsprozesse in Refinern hervorgerufen wird. Daher wurde die Porengrößenverteilung der Faserwand in Anlehnung an MALONEY et al. [128] mittels Thermoporosimetrie bewertet. Zu Grunde liegt hier die GIBBS-THOMSON-Beziehung. Sie beschreibt den Zusammenhang zwischen der Gefrierpunktserniedrigung ΔT und dem Porendurchmesser. Sie ist gültig unter der Annahme zylindrischer Poren und der Unlöslichkeit von Cellulose in Wasser. Im Rahmen dieser Methode wird mit der Gleichung nach [129] gearbeitet. In Tab. 5-5 ist die Zuordnung zwischen Gefrierpunkterniedrigung und Porendurchmesser dargestellt.

Tab. 5-5:   Gefrierpunktserniedrigung und Porendurchmesser

Schmelzpunkt [°C]	Porendurchmesser [nm]
-9	4
-6	7
-3	13
-1,5	26
-0,8	49
-0,5	79
-0,2	198
-0,1	396

Durch das stufenweise Auftauen einer gefrorenen Probe von feuchtem Zellstoff wird die bei der jeweiligen Temperatur benötigte Schmelzwärme ermittelt und über die spezifische Schmelzwärme des Wassers die Wassermenge für die jeweilige Porengrößenklasse errechnet. Die thermoporosimetrischen Messungen wurden dabei mit einer DSC1 der Fa. Mettler Toledo durchgeführt.

5.4.2 Physikalische Prüfung von Laborblättern

Die nach DIN EN ISO 5269-2 gebildeten Laborblätter wurden hinsichtlich der in Tab. 5-6 aufgeführten Prüfmethoden analysiert. Als statische Papierfestigkeit wurde eine Zugprüfung und als dynamische Papierfestigkeit eine Durchreißfestigkeit nach der Elmendorf-Methode geprüft. Die Zugfestigkeit wird in hohem Maße durch die Faser-Faserbindung und den Feinstoffgehalt bestimmt. Wohingegen die Durchreißfestigkeit vor allem durch die Faserlänge gesteuert wird. Damit ist eine Grundaussage zum Festigkeitspotenzial, welches sich durch eine Behandlung der Faserstoffe in einer Kavitationsdüse ergibt, möglich. Die Berstfestigkeit stellt eine Kombination der Belastung aus Zug- und Durchreißfestigkeit dar.

Tab. 5-6:   Prüfmethoden der physikalischen Papiereigenschaften

Parameter	Messmethode
Dicke, Dichte, spez. Volumen	DIN EN ISO 534
Zugfestigkeit (Tensile-Index)	DIN EN ISO 1924–2
Berstwiderstand (Mullen)	DIN EN ISO 2758
Spaltarbeit (Scott Bond)	TAPPI T 569
Durchreißfestigkeit (Elmendorf)	DIN EN ISO 1974
Stärkegehalt im Papier	PTS-Methode RH 23/09

Die Spaltarbeit misst die Energie, die notwendig ist, um eine Probe in Dickenrichtung aufzuspalten. Die Papierprobe wird dabei mit doppelseitigem Klebeband zwischen einem Metallträger und einem L-förmigen Metallwinkel befestigt. Anschließend wird über ein Schlagpendel gegen den Winkel die Energie berechnet, die zum Spalten der Probe notwendig ist. Sie ist eine Kenngröße für die interne Festigkeit des Blattes unabhängig von Faserorientierung oder Faserlänge.

Stärke im Papier, die im Faserstoff WS I und WS II über Oberflächen- oder Massenstärke eingetragen wurde, wurde gemäß der an der PTS erarbeiteten Methode enzymatisch zu Glucose hydrolysiert. Durch das spezifisch Stärke spaltende Enzym Amyloglucosidase wird gewährleistet, dass nur die im Papier vorhandenen Stärkeprodukte erfasst werden. Eine biochemisch arbeitende Elektrode diente zum spezifischen Nachweis und zur quantitativen Bestimmung der Glucose.

5.4.3 Prüfung der Deinkbarkeit

Zur Bewertung der Deinkbarkeit hat die Internationale Forschungsgemeinschaft Deinking-Technik (INGEDE) eine Reihe von normativen Anweisungen erarbeitet. Grundlage ist die INGEDE Methode 11 (Bewertung der Rezyklierbarkeit von Druckerzeugnissen - Prüfung der Deinkbarkeit), die einen standardisierten Ablauf des industriell angewandten Prozesses zur Aufbereitung von Altpapier zur Herstellung für grafische Papiere im Labor nachstellt.

Die für die Bewertung der Deinkbarkeit relevanten Methoden und deren Verknüpfungen sind in der Abb. 5-3 dargestellt. Innerhalb der INGEDE Methode 11 werden Proben nach der Auflösung und Lagerung von noch undeinkten (UP) und deinkten Faserstoff (DP) genommen, um die in der Auflösung bzw. Dispergierung von der Faser ablösbaren Druckfarbenpartikel (Ink Detachment) und den Anteil von später in der Flotation austragbaren Druckfarbenbestandteilen (Ink Elimination) zu ermitteln. In einer älteren Anweisung der INGEDE Methode 11 wurde zusätzlich eine Homogenisierung nach der Lagerung durchgeführt. Dies wurde in der vorliegenden Arbeit auch im Falle von Referenzmessungen vorgenommen, sofern die Kavitationsbehandlung im prozesstechnischen Ablauf im Anschluss an die Lagerung und vor der Vorflotation erfolgte.

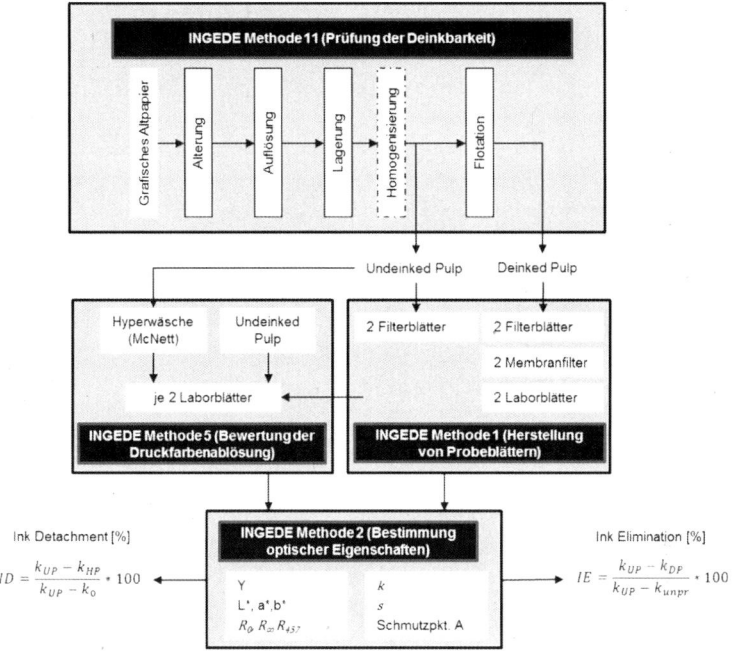

Abb. 5-3:   Normative Anweisungen der INGEDE zur Bestimmung der Deinkbarkeit

Die Flotation wurde anschließend in der Laborflotationszelle LFL 25 (Fa. Voith) durchgeführt, wobei zwischen 3-12 min flotiert wurde. Eine genaue Anleitung, wie die Proben für die spätere Messung zu Laborblättern und Nutschenblättern verarbeitet wurden, ist in der INGEDE Methode 1 (Herstellung von Probeblättern und Filtraten aus Deinkingstoff für die Bestimmung optischer Eigenschaften) angegeben. Für die vorliegende Arbeit wurde zur Bewertung der reinen Druckfarbenzerkleinerung in Folge der Kavitationsbehandlung die Schmutzpunktfläche am undeinkten Faserstoff gemessen.

Die Messung der Schmutzpunktfläche wurde ebenso zur Berechnung der Ink Detachment nach Hyperwäsche verwendet. Zur Bewertung des Flotationsergebnisses nach der Kavitationsbehandlung wurde der dichteabhängige Lichtadsorptionskoeffizient k, und der Weißgrad herangezogen. Die Analyse der Ink Detachment erfolgte demnach entgegen der INGEDE Methode 5 nicht über den dichtebezogenen Lichtabsorptionskoeffizienten k.

Daher muss in der Auswertung der Ergebnisse berücksichtigt werden muss, dass die Ablösung von Schmutzpunkten < 50 µm nicht oder nur unzureichend bewertet werden kann und lediglich über die Verschiebung der Gesamtanzahl an Schmutzpunkten eine Abschätzung von kleineren Schmutzpunkten und Druckfarbenbestandteilen erlaubt, die normalerweise durch den Adsorptionskoeffizienten erfasst werden können.

Eine Übersicht zu Prüfmethoden zur Bewertung der Deinkbarkeit, die in den durchgeführten Versuchen angewandt wurden, ist in Tab. 5-7 zusammengefasst.

Tab. 5-7:   Prüfmethoden und normative Anweisungen zur Bestimmung der Deinkbarkeit

Normative Anweisung/Parameter	Norm
Herstellung von Probeblättern und Filtraten aus Deinkingstoff für die Bestimmung optischer Eigenschaften	INGEDE Methode 1
Bestimmung optischer Eigenschaften von Deinkingstoffen und Filtraten	INGEDE Methode 2
Lichtadsorptionskoeffizient k	ISO 9416
Reflexionsfaktor am Einzelblatt R_0 bei 700 und 950 nm	ISO 9416
Reflexionsfaktor über lichtundurchsichtigen Papierstapel R_∞	ISO 9416
Reflexionsfaktor/Weißgrad R_{457}	ISO 2470-1
Schmutzpunktfläche A	PTS Scanner-Methode
Bewertung der Druckfarbenablösung durch Hyperwäsche mit dem Haindl-McNett-Fraktionator (Ink Detachment ID)	INGEDE Methode 5
Prüfung der Deinkbarkeit	INGEDE Methode 11

Die Schmutzpunktmessung, die mittels PTS-Scanner-Methode durchgeführt wurde, detektiert bei einer Auflösung von 600 dpi Partikel kleiner 100 µm. Die Pixelgröße bei dieser Auflösung beträgt 42 µm. Mittels des PTS-DOMAS-Moduls zur Schmutzpunkterkennung werden nur Schmutzpunkte detektiert, die in x- und y-Richtung aus mindestens zwei zusammenhängenden Pixeln bestehen. Damit beträgt der kleinste detektierbare Schmutzpunkt tatsächlich 82 µm Kreis äquivalenter Durchmesser. Für die eigentliche Messung wird jedoch nicht die äußere Grenze der Partikel herangezogen (Abstand 84 µm) sondern der Abstand der Mittelpunkte der Pixel (42 µm). Damit ergibt sich der im DOMAS ausgewiesene kleinstmögliche Schmutzpunkt mit einem kreisäquivalenten Durchmesser von 34 µm. Diese Partikel werden im Messergebnis jedoch nicht angezeigt, da die kleinste Partikelgrößenklasse laut Norm erst bei 50 - 100 µm definiert ist. Als Grenzwert zur Unterscheidung zwischen Hintergrund und Schmutzpunkt wurde in allen Messungen ein Threshold im PTS-DOMAS von 180 festgesetzt.

Die Berechnung der Schmutzpunkte ist in der praktischen Anwendung jedoch nicht immer eindeutig, da die Rejektraten der Hyperwäsche und Flotation in den INGEDE Methoden nicht berücksichtigt sind und so teilweise eine negative Ink Detachement errechnet wird. Die Rejektraten wurden daher als Faktor in die Berechnung mit einbezogen. Die zur Bestimmung der Druckfarbenablösung notwendige Hyperwäsche wurde entsprechend INGEDE Methode 5 (Bewertung der Druckfarbenablösung durch Hyperwäsche mit dem Haindl-McNett-Fraktionator) mit einem R50 Sieb durchgeführt.

Für die Berechnung der Druckfarbenentfernung (Ink Elimination) in Folge der Flotation wurde dagegen auch der Adsorptionskoeffizient k herangezogen, der durch die Messung des Reflektionsfaktors R_0 und R_∞ bei einer Wellenlänge von 700 nm oder 950 nm nach Kubelka-Munk errechnet wird. Die Auswahl der Wellenlänge hängt häufig mit der instrumentellen Ausstattung der Spektralmessgeräte zusammen. Bei einer Wellenlänge von 700 nm werden neben den schwarzen Druckfarben auch cyan-farbene Druckfarben berücksichtigt.

5.5   Versuchsplanung

5.5.1   Kavitationsintensität und Einfluss der Fluideigenschaften

Zur Prüfung der Hypothese 1, dass u. a. Temperatur, Gasgehalt und das Vorhandensein von Kavitationskeimen im Wasser die Kavitationsintensität beeinflussen, wurden die in Tab. 5-8 dargestellten Versuche durchgeführt.

Tab. 5-8:   Versuchsplan zur Bewertung der Kavitationsintensität unter Nutzung der Weissler-Reaktion und eines piezo-elektrischen Sensors

Vorgehen	Beschreibung	Nr.
Bewertung der Kavitationsintensität mittels Weissler-Reaktion	Q= 50 l/min, Anstieg der Temperatur	V1.A
	Q= 30 l/min, Messung des KI-Abbau	V1.B
	Q= 18-54 l/min, Messung des KI-Abbau	V1.C
Bewertung der Kavitationsintensität mittels piezo-elektrischen Sensor und Einfluss von Temperatur und freien Gasen	Q= 50 l/min, T_{Start} = 10 °C und 27 °C	V2.A
	Q= 20-60 l/min, T_{Start} = 18 °C, 30 °C und 41 °C	V2.B
	Q= 20-60 l/min, Einfluss freier Gase, T= 18 °C	V2.C
	Q= 20-60 l/min, diskontinuierliche Behandlung	V2.D
	Q= 0-90-60-85 l/min, T_{Start} = 20 °C	V2.E
Einfluss von gelösten Gasen und Partikelspektrum auf das Kavitationsverhalten (piezo-elektrischer Sensor) mit Leitungs- und Prozesswasser	Q= 90 l/min, Leitungswasser	V3.A
	Q= 90 l/min, Leitungswasser mit Deinking-Chemikalien	V3.B
	Q= 90 l/min, Kreislaufwasser (Scheibenfilter)	V3.C
Bewertung der Kavitationsintensität (piezo-elektrischer Sensor) in Faserstoffsuspensionen	Q= 50 l/min, Frischwasser mit 0,5 % KF	V4.A
	Q= 50 l/min, Frischwasser mit 2 % KF für 16 h entlüftet	V4.B
	Q= 50 l/min, Frischwasser, 20 min mechanische Entlüftung in Labordüse und Zugabe von 2 % KF	V4.C

Dafür wurde, wenn nicht anders erwähnt, Leitungswasser ohne Faserstoff in der Labordüse eingesetzt. Im ersten Versuchsblock (V1.0-V1.C) wurde die Anwendbarkeit der Weissler-Reaktion zur Bewertung der Kavitationsintensität in der Labordüse untersucht (V1.A). Hiermit sollte nachgewiesen werden, dass es nicht nur zur Entstehung von Gasblasen aus dem im Wasser enthaltenen freien oder gelösten Gas kommt, sondern der Dampfdruck des Wassers tatsächlich unterschritten wird und es zur Ausbildung von kollabierenden Microjets kommt, die wie in der Literatur berichtet, zum Abbau des KI zu I_3^- führen. Anschließend wurde die Bewertungsmöglichkeit der Weissler-Reaktion genutzt, um über die Bildung von I_3^- aus KI nicht nur das bloße Vorhandensein von implodierenden Dampfblasen, sondern abhängig von den Prozessbedingungen auch die Intensität der Kavitation ableiten zu können (V1.B; V1.C).

Da aber chemische Abbaureaktionen in Faserstoffsuspensionen nur begrenzt reproduzierbare Ergebnisse zulassen, wurde im Versuchsblock V2.A bis V2.E mittels eines piezo-elektrischen Sensors auf der Außenwand der Kavitationsdüse die Kavitationsintensität bewertet. Dabei wurden sowohl der Einfluss der Temperatur (V2.A, V2.D) als auch der Einfluss von im Wasser befindlichem freiem Gas untersucht (V2.B).

Für Versuch V2.B wurde das genutzte Wasser für 4-16 Stunden bei Raumtemperatur ruhen gelassen, so dass Gase austreten konnten, bzw. wurde das Wasser mechanisch entlüftet, indem eine Behandlung von 5 min bei einem Volumenstrom $Q = 50\,l/min$ in der Kavitationsdüse erfolgte. Da alle Versuche bis dahin im kontinuierlichen Kreislaufbetrieb mit kontinuierlich steigendem Volumenstrom durchgeführt wurden, bei dem es systembedingt durch den Energieeintrag der Pumpe und den Kavitationsereignissen zu einer Temperaturänderung kommt und damit ein verändertes Kavitationsverhalten zu erwarten war, wurden in V2.C Versuche durchgeführt, bei denen stufenweise bei definierten Volumenströmen mit jeweils neuer Befüllung der Anlage gearbeitet wurde.

Neben freien Gasen enthält Wasser ebenso gelöste Gase, die das Kavitationsverhalten beeinflussen können und Keime bzw. Partikel, die als Kavitationskeime wirken. Über die Messung des Gasgehalts mittels Oximeter und der Ermittlung der Partikelgröße und - verteilung anhand eines Flüssigkeitspartikelzähler (FAS 362, Fa. TOPAS) wurde deren Einfluss auf das Kavitationsverhalten bewertet (V3.A). Um an in der Papierherstellung nahen Wasserqualitäten zu arbeiten, wurde darüber hinaus Wasser mit Deinking-Chemikalien, die die Oberflächenspannung theoretisch herabsetzen, in Anlehnung an die INGEDE Methode 11 versetzt und in der Laboranlage behandelt (V3.B). Des weiteren wurde Kreislaufwasser vom Scheibenfilter einer Papierfabrik, die Verpackungsaltpapiere verarbeitet, genutzt, um dessen Kavitationsverhalten zu untersuchen. Zuvor wurden in diesem Versuch noch enthaltene Feststoffe sedimentiert und abgetrennt (V3.C).

Da die gewonnenen Erkenntnisse auch auf Faserstoffsuspensionen übertragen werden sollten, wurde in den Versuchen V4.A, V4.B und V4.C Faserstoff nach angepassten Bedingungen der Aufbereitung des Verdünnungswassers und dessen Einfluss auf die Kavitationsintensität in Faserstoffsuspensionen untersucht.

5.5.2 Einfluss hydrodynamischer Kavitation auf Faserstoff- und Papiereigenschaften

Um die Wirksamkeit hydrodynamischer Kavitation auf Faserstoff- und Papiereigenschaften zu prüfen, wurde zunächst eine Voruntersuchung an ausgewählten Faserstoffen in der Laborkavitationsdüse durchgeführt. Die Versuche wurden mit der Absicht durchgeführt, eine Auswahl zu treffen, für welche Faserstoffe und demnach auch für welche Anwendungen der Einsatz von hydrodynamischer Kavitation in der Stoffaufbereitung einer Papierfabrik das größte Potenzial aufweist.

Dazu wurden Faser- und Suspensionseigenschaften erfasst sowie Laborblätter gebildet, um die Festigkeitseigenschaften zu bewerten. Die Versuchsbedingungen in **Fehler! Ungültiger Eigenverweis auf Textmarke.** wurden dabei für alle Faserstoffe konstant gehalten.

Tab. 5-9:   Voruntersuchungen zur Wirksamkeit von hydrodynamischer Kavitation auf Faserstoff- und Papiereigenschaften

Parameter	Einheit	Variation			
Faserstoff	-	BCTMP	KF	LF	WS I
Düse		Labor			
v_A	[m/s]	0; 18			
DL	-	0; 120			
SD	[%]	0,6			
T	[°C]	25			

Danach wurde darauf aufbauend einerseits die Versuchsanlage soweit umgebaut, dass eine Steigerung des Volumenstroms und der mittleren Fließgeschwindigkeit im engsten Querschnitt möglich wurde und andererseits wurde untersucht, ob Stoffdichte und Temperatur einen Einfluss auf das Ergebnis haben. Der Versuchsplan zur Anpassung der Versuchsparameter ist in Tab. 5-10 zusammengefasst.

Tab. 5-10:   Anpassung der Versuchsparameter auf ausgewählte Faserstoffe und Papiereigenschaften

Parameter	Einheit	Variation				
Faserstoff	-	WS I	WS II	DIP	DIP II	LF
Düse	-	Labor; Pilot	Pilot	Labor; Pilot	Pilot	Pilot
v_A	[m/s]		0-43		0; 43	0; 43
DL	-	0-120	0; 1	0-70	0; 5; 10; 20	
SD	[%]	1; 2			1	2
T	[°C]	25		25; 45	25	25

Ziel war es hier, die Effizienz der Behandlung weiter zu steigern. Dazu wurde aufbauend auf den gewonnenen Erkenntnissen auch eine Pilotkavitationsdüse eingesetzt, deren Geometrie an größere Durchsätze angepasst war, um auch Angaben zum Energiebedarf in industrieller Umgebung treffen zu können. Der Versuchsplan sowohl der Voruntersuchungen und der Anpassung der Versuchsparameter ist in Tab.-A. 4 im Anhang zu finden.

6   Ergebnisse Kavitationsintensität

6.1   Bewertung der Kavitationsintensität anhand der Weissler-Reaktion

Zur Bewertung der Kavitationsintensität bei variiertem Volumenstrom bzw. Differenzdruck in der Labordüse ist in Abb. 6-1 die Iodkonzentration und in Abb. 6-2 der prozentuale Anstieg der Iodkonzentration dargestellt. Der prozentuale Anstieg bezieht sich dabei auf den Gehalt an Iod zu Beginn der Messung. Bei einem Volumenstrom von $Q = 18\,l/min$ (mittlere Strömungsgeschwindigkeit $v_A = 6{,}0\,m/s$) entspricht die Druckdifferenz am Versuchsstand $\Delta p = 0{,}03\,bar$. Unter diesen Bedingungen wurde kein Iod freigesetzt. Damit wurden auch keine Radikale gebildet, die einen Abbau hätten initiieren können. Doch schon bei einem Volumenstrom von $Q = 22\,l/min$ ($v_A = 8{,}0\,m/s$) und einem Differenzdruck $\Delta p = 0{,}05$ bar in der Düse trat ein Abbau des KI zu Iod ein, auch wenn diese Bedingungen weit unterhalb der theoretisch einsetzenden Kavitation von $v_A = 14\,m/s$ liegen. In diesem Bereich von $Q = 22\,l/min$ trat allerdings weder hörbar noch sichtbar Kavitation in der Düse auf. Mit fortlaufender Behandlung stieg die Freisetzung von Iod. Die höchste Menge wurde entsprechend bei maximalem Differenzdruck von $\Delta p = 0{,}45$ bar und einem Volumenstrom von $Q = 54\,l/min$ ($v_A = 18\,m/s$) gebildet. Mit zunehmender Kavitationszeit wurde jedoch ein Rückgang der Bildungsrate an Iod beobachtet, da der Anstieg mit steigender Anzahl an Durchläufen durch die Düse abnahm.

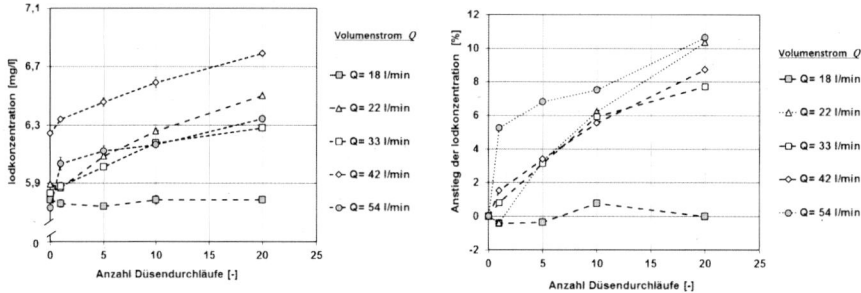

Abb. 6-1:   Bildung von Iod aus KI bei variiertem   Abb. 6-2:   Anstieg der Iodkonzentration bei
            Volumenstrom   variiertem Volumenstrom

Die Kinetik der Iodbildung unter diesen Bedingungen ist daher in Abb. 6-3 über die Bildungsrate des Iods dargestellt. Hier wird deutlich, dass es einen direkten Zusammenhang zwischen steigendem Volumenstrom bzw. Druck in der Düse und der Bildung von Iod und damit der Kavitationsintensität gibt. Jedoch ist schon nach kurzer Zeit und den darauf folgenden Durchläufen durch die Kavitationsdüse ein Rückgang der Bildungsrate von Iod zu beobachten.

Zieht man die Arbeiten von MORISON und HUTCHINSON [88] heran, kann dies mit einem schnelleren Entgasen erklärt werden. In diesem Fall postulieren SUSLICK et al. [130], dass bei höheren Temperaturen die Freisetzung von Iod bzw. I_3^- drastisch abnimmt, da der Dampfdruck des Wassers erhöht wird und die maximalen Temperaturen beim Blasenkollaps geringer sind, mit der Folge, dass auch die Bildung von Radikalen zurückgeht.

Bei dem geringen Temperaturanstieg von ca. 3 K und sonst ähnlichen Bedingungen (Abb. 6-4) ist dies wohl auszuschließen. MORISON und HUTCHINSON [88] erklären aber auch, dass dies mit einer weiter einsetzenden Abbaureaktion des Iods parallel zur Bildung von Iod zu erklären sei.

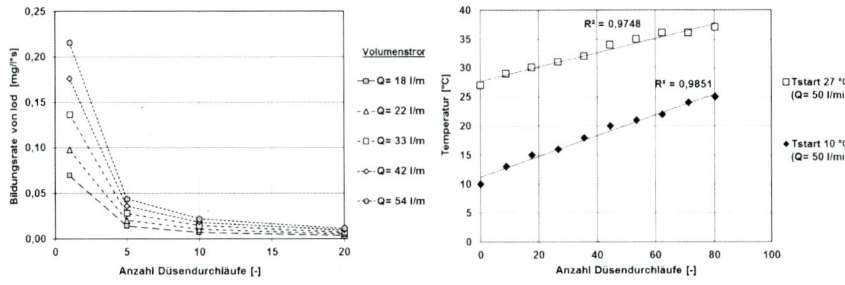

Abb. 6-3:   Bildungsrate von Iod in   Abb. 6-4:   Anstieg der Wassertemperatur in
            Abhängigkeit vom Volumenstrom   der Laborkavitationsdüse

6.2 Bewertung der Kavitationsintensität anhand einer piezo-elektrischen Messkette

Um die Einschränkungen in der Anwendbarkeit von chemischen Abbaureaktionen zur Kavitationsbewertung in Faserstoffsuspensionen zu überwinden, wurde eine piezo-elektrische Messkette bestehend aus einem piezo-elektrischen Beschleunigungssensor, einem Kuppler und einem I/O Modul AMDT einer Message-Box (siehe auch Kap. 5.3.1) genutzt, um Kavitationsintensität bei unterschiedlichen Prozessbedingungen und Eigenschaften der Suspension zu bewerten. Die Abb. 6-5 zeigt einen Ausschnitt aus dem Programm „ProfiSignalBasic", welches zur Auswertung genutzt wurde. Zu sehen ist eine FFT-Transformation der auftretenden Frequenzen. Es wird hier deutlich, dass bei einem Volumenstrom von 50 l/min Frequenzen bis 7.000 Hz auftreten. Gleichzeitig ist aber auch erkennbar, dass Frequenzen im Ultraschallbereich von 20 kHz und größer nicht wirksam sind.

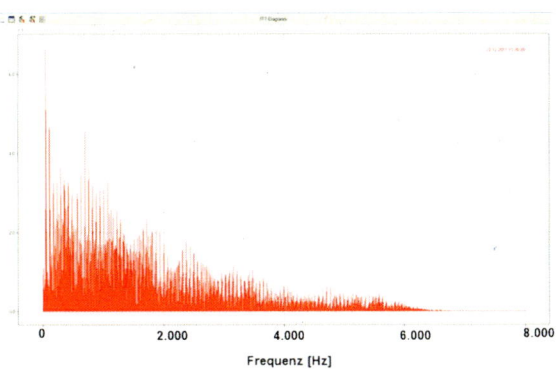

Abb. 6-5:   Frequenzspektrum nach FFT-Analyse bei Volumenstrom $Q = 50$ l/min

Zur weiteren Bewertung der Kavitationsintensität wurde der Peak-peak-Wert genutzt, der aus der Summe des Betrags von Minima und Maxima der auftretenden Beschleunigungswerte berechnet wurde. Die Abb. 6-6 zeigt einen typischen Verlauf der Minima, Maxima und des Peak-peak-Wertes bei kontinuierlicher Erhöhung des Volumenstroms über eine Zeit von 5 min für 10 verschiedene Volumenströme von $Q= 0$-60 l/min. Der Volumenstrom wurde dabei stufenweise im Abstand von 30 s um 5-6 l/min erhöht.

Ab einem Volumenstrom von $Q=32$ l/min war zu erkennen, wie sich Blasen in der Düse aus Polyacryl bildeten und hörbar kollabierten. Auch der Sensor zeigte ab diesem Punkt erstmals messbare Amplituden mit geringer Peakhöhe an. Bis zu einem Volumenstrom von $Q=50$ l/min trat hörbar und sichtbar Kavitation in der Düse auf, die aber nicht mit zunehmendem Volumenstrom zu höheren Peak-peak-Werten führte. Die Kavitationsintensität nahm erst ab $Q=50$ l/min deutlich zu. Die Peak-peak-Werte stiegen auf über 200 xg an.

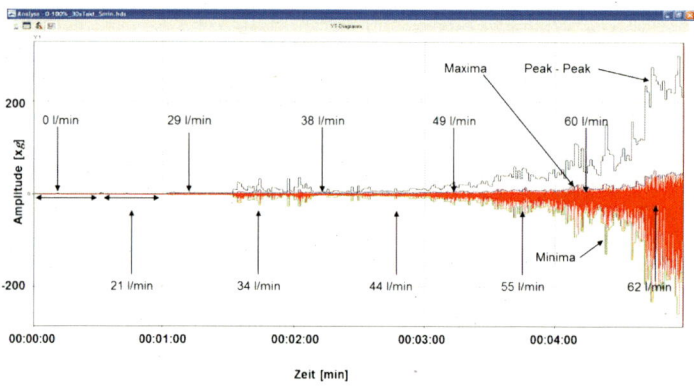

Abb. 6-6:   Amplituden in xg bei kontinuierlicher Erhöhung des Volumenstroms

Obwohl also in der Düse Blasen merklich kollabierten, war bis zu einem Volumenstrom von $Q=50$ l/min ($v_A = 16$ m/s) nur eine sehr geringe Kavitationsintensität messbar, da die kinetische Energie des Blasenkollapses nicht ausreichend war, um den Beschleunigungssensor anzuregen. Es muss geschlussfolgert werden, dass es sich bei den auftretenden Blasen also um freies Gas im Wasser handelt, welches aus der Flüssigkeit austritt und nicht um dampfgefüllte Blasen. Daher wurde im weiteren Verlauf der Einfluss von Temperatur und Gasgehalt des Wassers untersucht, um optimale Betriebszustände für eine spätere Behandlung des Faserstoffs herauszuarbeiten.

Dafür ist in Abb. 6-7 ein typischer Verlauf der Peak-peak-Werte zweier Messreihen für einen konstanten Volumenstrom von $Q=54$ l/min, der innerhalb von 30-40 s aus dem Stillstand erreicht wurde, dargestellt. Es erfolgte ein langsamer Anstieg der Peak-peak-Werte, wobei erst nach etwa 20 Durchläufen durch die Düse ein stabiler Zustand mit konstant gleich bleibender Kavitationsintensität mit maximalen Peak-peak-Werten von 250 xg erreicht wurde. Das lässt vermuten, dass zu Beginn der Kavitation gelöste Gase in Form von Blasen freigesetzt wurden (Gaskavitation) und daher erst nach Unterschreiten einer kritischen Konzentration an freiem Gas intensive Kavitationszustände mit kollabierenden Dampfblasen erreicht wurden.

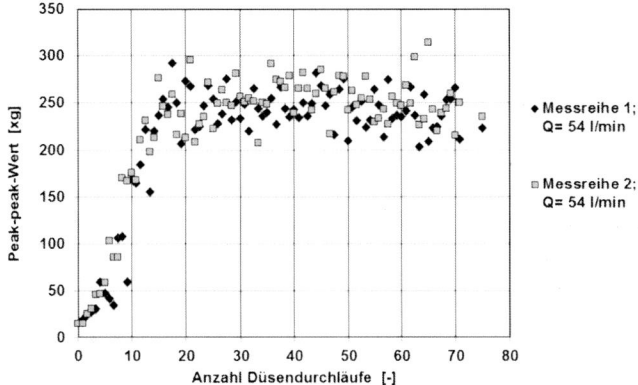

Abb. 6-7:   Peak-peak-Werte zweier Messreihen mit $Q = 54$ l/min

Es ist anzunehmen, dass der Anteil an freien Gasen im Wasser, den Einfluss des Anteils an gelösten Gasen überlagerte [59, 131]. Die Temperatur und der Gehalt an freien und gelösten Gasen sind nicht unabhängig voneinander zu betrachten, da die Temperatur der Flüssigkeit sowohl die Löslichkeit von Luft in Wasser beeinflusst als auch bestimmend für den Druckgradienten zum Dampfdruck der Flüssigkeit ist. Je höher die Temperatur ist, desto geringer kann der Anteil an gelösten Gasen in der Flüssigkeit sein, die aufgrund der hohen Wärmekapazität dämpfend auf den Kollaps von Dampfblasen wirkt. Gleichzeitig wird aber auch der Druckgradient bei höheren Temperaturen der Flüssigkeit zum Dampfdruck verringert, was zu einer geringen Intensität der Kavitation führt [130, 132].

In den vorliegenden Untersuchungen dieser Arbeit wurde daher nochmals Wasser bei 18 °C, 30 °C und 41 °C in der Laborkavitationsdüse behandelt. Der Druck bzw. der Volumenstrom wurde hier um $Q = 5\text{-}6$ l/min kontinuierlich erhöht und für 30 s bei dem jeweiligen Volumenstrom das Messsignal des piezo-elektrischen Sensors aufgezeichnet. In Abb. 6-8 wurde ein Boxplot mittels der Software *Cornerstone 4.0* erstellt, der für die Messwerte Mittelwert, Konfidenzintervall und Ausreißer angibt. Anhand der Daten wird deutlich, dass der Druckgradient zur Erreichung des Dampfdrucks, der sich durch die unterschiedlichen Temperaturen ergibt, bei geringem Volumenstrom nur geringfügig Einfluss auf die Kavitationsintensität hatte. Jedoch in den Bereichen $Q > 50$ l/min, in denen auch zuvor schon Dampfkavitation angenommen werden konnte, zeigte sich, dass die Peak-peak-Werte und damit die Kavitationsintensität bei einer Wassertemperatur von 18 °C höher waren als bei 30 °C oder 41 °C und somit ein Einfluss der Temperatur und des Druckgradienten zum Dampfdruck der Flüssigkeit wirksam ist.

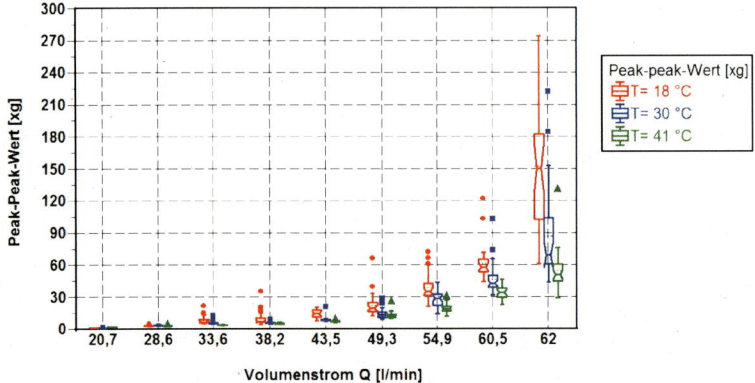

Abb. 6-8:   Peak-peak-Werte in Wasser mit unterschiedlichen Ausgangstemperaturen

Für die sich ausprägende Kavitationsintensität scheint aber der Anteil an freien Gasen wichtiger, da sich erst ein Entlüften der Flüssigkeit vollzieht, bevor intensive Kavitationssignale in der piezo-elektrischen Messkette sichtbar wurden. Dies verdeutlicht nochmals Abb. 6-9. Für diese Versuche wurde eine Vorlagebehälter mit 80 Litern Wasser gefüllt und der Volumenstrom unmittelbar auf $Q = 88$ l/min angehoben. In Folge dessen war wieder ein verzögerter Anstieg der Kavitationsintensität, gemessen über die Peak-peak-Werte der Amplituden, zu beobachten. Eine Reduktion des Volumenstroms auf $Q = 60$ l/min bewirkte dann auch wieder einen Rückgang der Kavitationsintensität. Bei abermaliger Erhöhung des Volumenstroms auf das Ausgangsniveau wurde die gemessene Kavitationsintensität unmittelbar ohne eine weitere Anlaufzeit wieder auf das zuvor erreichte Niveau geführt. Dies ist ebenso darauf zurückzuführen, dass in der ersten Phase eine mechanische Entlüftung des Wassers stattgefunden hat, so dass bei wiederholtem Anstieg des Volumenstroms keine mit Gas gefüllten Blasen die eigentlich energiereich kollabierenden Dampfblasen dämpfen.

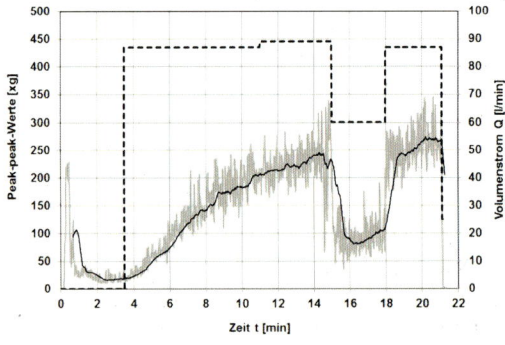

Abb. 6-9:   Peak-peak-Werte und deren gleitender Durchschnitt für alternierenden
              Volumenstrom

Um daher nochmals genauer die Bedeutung des Gasgehalts der Flüssigkeit auf die Kavitationsintensität zu bewerten, wurde Frischwasser bei annähernd gleicher Temperatur aber nach unterschiedlicher Zeit zum Entlüften bei kontinuierlicher Erhöhung des Volumenstroms um $Q = 4\text{-}5$ l/min behandelt. Je Versuchspunkt wurden dazu die Messsignale am piezo-elektrischen Sensor für 30 s aufgezeichnet und ausgewertet. Daneben wurde ein Versuch mit Frischwasser durchgeführt, bei dem das Wasser vor der Behandlung für 5 min bei einem Druck von $p = 1$ bar nahe der Kavitationsschwelle durch die Düse gefördert wurde, um freies Gas entweichen zu lassen. Je Versuchspunkt wurden drei Wiederholungsmessungen durchgeführt. Die Peak-peak-Werte sind in Abb. 6-10 dargestellt. Auch hier ist zu sehen, dass in Frischwasser (0 min) erst ab einem Volumenstrom $Q = 60$ l/min hohe Peak-peak-Werte erzielt wurden und damit Blasenkollaps mit hoher Intensität entsteht. Je länger dem Wasser Zeit zum Entlüften gegeben wurde (240 min und 960 min), desto früher wurden hohe Peak-peak-Werte gemessen.

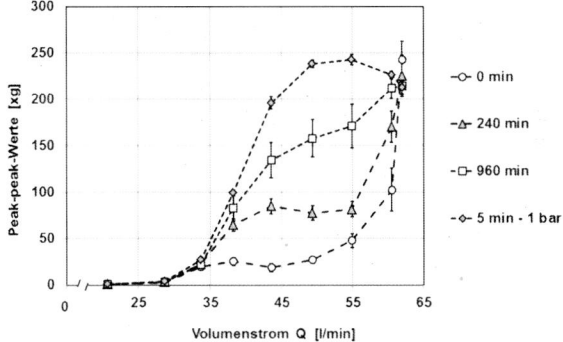

Abb. 6-10:   Peak-peak-Werte in Wasser mit unterschiedlichen Stufen der Entlüftung

Wurde freies Gas durch eine vorherige Behandlung bei einem Einlaufdruck $p = 1$ bar (5 min -1 bar) schon weitestgehend entfernt, konnte schon bei geringen Volumenströmen harte Kavitation erzeugt werden. Die maximal erreichten Peak-peak-Werte sind allerdings bei allen Zuständen gleich, was darauf hinweist, dass zwar der Kavitationsbeginn verändert wurde, aber nicht die absolut erreichbare Intensität.

Die bisher dargestellten Ergebnisse bezogen sich alle auf eine kontinuierliche Erhöhung des Volumenstroms im Kreislaufbetrieb, was nicht berücksichtigt, dass es in Folge der Erhöhung des Volumenstroms zu einer Erhöhung der Temperatur je nach eingetragener Pumpleistung kommt. Daher wurde in sechs verschiedenen Ansätzen jeweils ein konstanter Volumenstrom durch die Labordüse für jeweils 30 s gefördert. Eine mechanische Entlüftung wurde hier nicht vorgenommen. Das Ergebnis in Abb. 6-11 zeigt deutlich, dass sich ohne eine mechanische Entlüftung ein für den jeweiligen Volumenstrom und damit Druck charakteristisches Kavitationsniveau einstellt. Mit dem Übergang von $Q = 56$ l/min zu $Q = 62$ l/min stellt sich aber ein Zustand ein, bei dem die Kavitationsintensität auf ein deutlich höheres Niveau anstieg. Weiterführende Aussagen sollten über eine Analyse des Gehalts an freien Gasen mittels EGT-Messungen gewonnen werden. Diese lieferten jedoch nur unzureichende Messwerte, weshalb hierzu keine weiteren Ausführungen möglich sind.

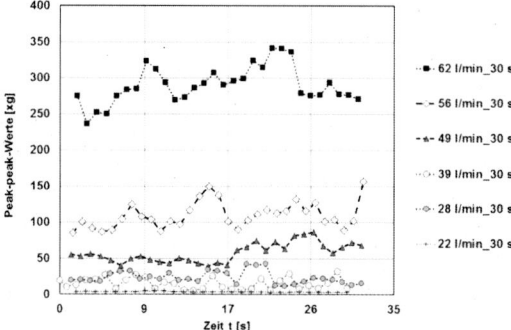

Abb. 6-11:   Peak-peak-Werte in Wasser (T_{Start} = 22 °C) bei diskontinuierlicher Behandlung in der
              Labordüse

Anhand des TOPAS-Partikelzählers wurde aber zumindest versucht, als Gasblasen
auftretende Partikel und Kavitationskeime zu quantifizieren und gleichzeitig über ein
Oximeter den Anteil an gelösten Gasen zu bestimmen. In Abb. 6-12 ist zu erkennen, dass
die in Frischwasser gemessene Partikelgröße bei einem Volumenstrom Q = 90 l/min
weitestgehend unverändert blieb und es durch die auftretenden Microjets in der Kavitation zu
keiner Zerkleinerung der enthaltenden Partikel kam. Gleiche Aussage kann auch für Wasser,
welches Deinking-Chemikalien enthielt oder auch Kreislaufwasser, welches aus einer
Papierfabrik am Scheibenfilter des Siebwasserkreislaufs entnommen wurde, getroffen
werden. Die Messwerte schwanken hier nur sehr stark, da weitere enthaltene
Feststoffbestandteile die Messungen störten. Korrespondierend dazu sind die Peak-peak-
Werte in Abb. 6-13 dargestellt. Auch hier ist wieder zu beobachten, dass trotz eines
unmittelbar einsetzenden Volumenstroms von Q = 90 l/min und bei intensivsten Auftreten von
kollabierenden Blasen die Peak-peak-Werte in Abhängigkeit von Anzahl der Durchläufe
durch die Düse ohne eine Entlüftung nur langsam anstiegen.

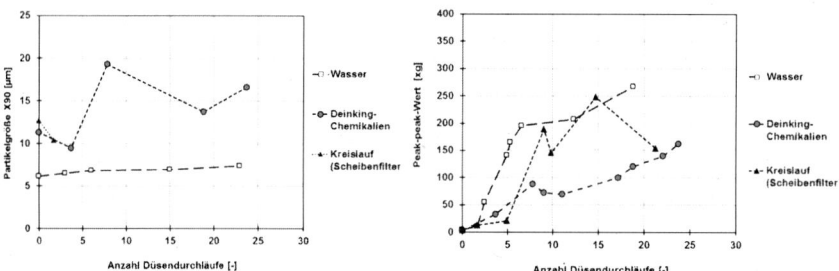

Abb. 6-12:   Partikelgröße in Frischwasser   Abb. 6-13:   Peak-peak-Werte in Frischwasser
              und Prozesswasser, Q = 90 l/min   und Prozesswasser, Q = 90 l/min

Auch wenn die Partikelgröße während des Kavitationsprozesses weitestgehend unverändert blieb, ist doch in Abb. 6-14 zu erkennen, dass es mit wenigen Durchläufen durch die Kavitationsdüse zu einem deutlichen Abfall des Anteils an gelöstem Sauerstoff im Wasser kam. Der im weiteren Verlauf abnehmende Anteil an gelöstem Sauerstoff ist auf den Anstieg der Temperatur und der damit abnehmenden Löslichkeit von Sauerstoff in Wasser zurückzuführen. Dies bestätigt Abb. 6-15. Denn insbesondere für Frischwasser ist zu erkennen, dass zu Beginn der Anteil an gelöstem Sauerstoff nahe der maximalen Sauerstofflöslichkeit (O_2-Sättigung) für Wasser betrug und unmittelbar mit Durchlauf durch die Kavitationsdüse deutlich verringert wurde, um danach nur geringfügig im Zuge der Temperatur abzunehmen. Die Sauerstofflöslichkeit wurde dabei nach W. D. HATFIELD [133] berechnet.

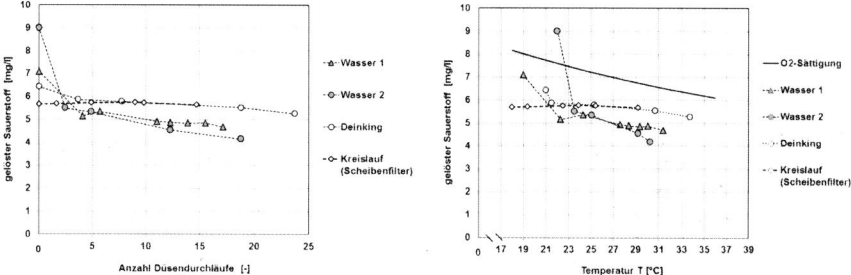

Abb. 6-14:   Anteil an gelöstem Sauerstoff in   Abb. 6-15:   Anteil an gelöstem Sauerstoff in
             Frischwasser und Prozesswasser,   Abhängigkeit von der Temperatur
             $Q = 90$ l/min

Für das Kreislaufwasser wurde kein direkter Rückgang des gelösten Sauerstoffs mit einsetzender Kavitation festgestellt. Ursächlich könnte gewesen sein, dass das Prozesswasser aus der Papierfabrik bereits durch Entlüfter-Chemikalien vorbehandelt war oder, dass bedingt durch die gewöhnlicher Weise hohe Leitfähigkeit des Prozesswassers von häufig über 2.500 µS/cm, die Löslichkeit des Sauerstoffs ohnehin geringer ist.

6.3   Kavitationsintensität in Faserstoffsuspensionen

Die Beurteilung der Kavitationsintensität in Faserstoffsuspensionen wurde durch die piezo-elektrische Messkette vorgenommen. In den Untersuchungen wurde zunächst eine Faserstoffsuspension mit Kurzfaserzellstoff mit einer Stoffdichte von 0,5 % gewählt, die bei einem Volumenstrom von $Q = 50$ l/min durch die Düse gefördert wurde. Es wurde untersucht, wie die Aufbereitung der Faserstoffsuspension erfolgen muss, um eine möglichst hohe Kavitationsintensität zu erreichen. In Versuch (**A**) wurde die Stoffsuspension ohne weitere Vorbehandlung durch die Düse gefördert. In Versuch (**B**) wurde die Stoffsuspension über Nacht für 16 Stunden in Ruhe stehen gelassen, um ein Entlüften der Suspension zu ermöglichen. Für Versuch (**C**) wurde 4 mal 42,5 g otro Faserstoff in 2 Litern Wasser in einem Labordesintegrator aufgeschlagen (entspricht 6 Liter Stoffsuspension) und zu den 20 Litern Wasser im Vorlagebehälter des Versuchsstands zugegeben.

Das Frischwasser im Vorlagebehälter wurde zuvor 5 min im Kreislauf mit einem Volumenstrom von $Q = 50$ l/min gefördert. Dadurch sollte das Frischwasser durch die einsetzende Kavitation entlüftet werden. Zur Darstellung der Ergebnisse sind in Abb. 6-16 die Amplituden der Versuche (A) bis (C) über der Zeit aufgetragen.

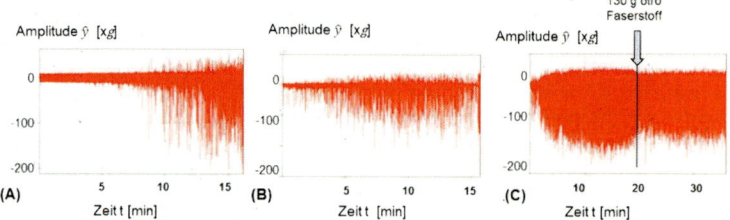

Abb. 6-16:   Kavitationsintensität Labordüse mit 0,5 % Zellstoff (A) Frischwasser, (B) Frischwasser 16 h entlüftet, (C) Frischwasser nach 20 min mechanischer Entlüftung und Zugabe von Zellstoff

Ohne jegliche Vorbehandlung der Suspension (A) wurde erst nach etwa 10 min intensive Kavitation gemessen, auch wenn hörbar kollabierende Blasen im System auftraten. Dieser Verzug im Auftreten intensiver Kavitationssignale wurde bereits in Frischwasser ohne enthaltenen Faserstoff beobachtet. Wurde die Stoffsuspension dagegen über Nacht stehen gelassen (B), konnte das Einsetzen harter Kavitation mit Amplituden > -100 xg schon nach 3 min gemessen werden. Am effektivsten hat sich allerdings erwiesen, das Frischwasser vor der Zugabe des Faserstoffs bei einer einsetzender Kavitation mechanisch zu entlüften (C), wie es zuvor auch schon in faserstofffreiem Frischwasser ermittelt wurde. In der Abb. 6-16 ist zu erkennen, wie sich unmittelbar nach Beginn des Versuchs (C) Amplituden > -200 xg einstellen. Nach 20 min wurden 6 Liter Stoffsuspension mit 130 g otro Faserstoff hinzugegeben. Danach wurde ein leichtes Absinken der Amplituden beobachtet. Der Faserstoff wirkt demnach dämpfend auf die Kavitationsintensität. Die Intensitäten sind dennoch sehr hoch und der Blasenkollaps tritt anscheinend mit hoher Frequenz auf.

6.4 Fazit Kavitationsintensität

Als Ergebnis der Untersuchungen zur Kavitationsintensität kann festgehalten werden, dass anscheinend der Gehalt an freiem Gas die wichtigste bestimmende Größe für die Ausprägung der Kavitationsintensität ist. Über unterschiedliche Verfahren der Entlüftung konnte gezeigt werden, dass mit einem möglichst geringen Gehalt an freien Gasen bei geringem Druck in der Düse intensive Kavitationssignale, gemessen über einen piezo-elektrischen Beschleunigungssensor, auftraten. Oberhalb eines kritischen Volumenstroms und damit Druck in der Düse von etwa $Q = 50$ l/min, trat anscheinend ein deutlicher Sprung in der Kavitationsintensität anhand der Peak-peak-Werte von unterhalb 100 xg hinzu 250-300 xg ein.

Es sollte an der Stelle erwähnt werden, dass sich bei einem Blick auf die Differenzdruckkurve in Abb. 6-17 die Versuchsbedingungen bei $Q<50$ l/min bei vergleichsweise geringen Differenzdrücken vollzogen und sich die angenommene Schwelle im Wendepunkt hin zu deutlich größeren Druckdifferenzen befindet. Anzumerken ist dabei auch, dass sich das Kavitationsniveau anhand der Peak-peak-Werte aber selbst bei Erhöhung des Volumenstroms auf bis zu 90 l/min nicht weiter steigern ließ.

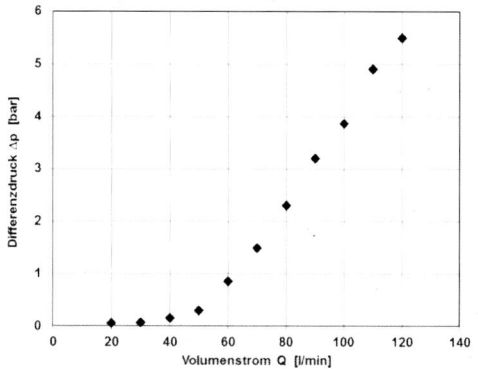

Abb. 6-17:   Differenzdruckkurve Laborkavitationsanlage

Für Faserstoffsuspensionen waren die Eigenschaften des Wassers ebenso bedeutsam für die Ausbildung von Kavitation. Ohne eine vorherige mechanische Entlüftung war zwar ein hörbares Kavitationsgeräusch vernehmbar. Messungen mit dem piezo-elektrischen Beschleunigungssensor zeigten aber, dass eine Entlüftung notwendig ist, um unmittelbar stabil hohe Kavitationssignale zu erhalten. Daher wurde für alle folgenden Versuche festgelegt, über eine mechanische Entlüftung des Prozesswassers optimale Kavitationsverhältnisse einzustellen. Für die zu Beginn aufgestellte Hypothese 1 bedeuten die Erkenntnisse, dass die Fluideigenschaften tatsächlich das Kavitationsverhalten beeinflussen und in Faserstoffsuspensionen eine Dämpfung der Intensität eintritt.

7 Ergebnisse Faserstoff- und Papiereigenschaften

7.1 Faserstoff- und Suspensionseigenschaften

Die Fasern durchlaufen in der Düse eine Unterdruckzone mit hoher Turbulenz. Neben der Bildung von OH-Radikalen wirken hydrodynamische Kräfte auf die Fasern. In Tab. 7-1 und Tab. 7-2 sind die fasermorphologischen Kennwerte nach unterschiedlichen Durchlaufzyklen aufgelistet. Auffällig ist, dass insbesondere bei den Primärfaserstoffen ein Rückgang des Curl-Indexes eintritt. Der Effekt der Faserstreckung ist ebenso bei anderen Mahlaggregaten [134, 135] zu finden. Vergleichende Messungen der Faserstoffe nach Mahlungen mit einem Scheibenrefiner zeigen ebenso deutliche Abnahmen im Curl-Index. Bei BCTMP, dessen Fasern durch den hohen Ligningehalt deutlich steifer sind, wird zusätzlich der Feinstoffanteil geringfügig erhöht. Eine vergleichbare Tendenz in der Faserkürzung weißt auch der Wellenstoff I auf, der in seiner Zusammensetzung Holzstoffanteile enthält.

Tab. 7-1: Veränderung der Fasermorphologie von Kurz- und Langfaserzellstoff in Folge der Behandlung in der Kavitationsdüse (Q= 50 l/min, SD = 0,7 %)

Anzahl Düsendurchläufe	Langfaserzellstoff				Kurzfaserzellstoff			
	0	40	80	120	0	40	80	120
Durchmesser [µm]	23,9	24,3	24,2	24,4	16,5	16,6	16,5	16,7
Curl-Index [%]	21,3	20,0	20,2	19,8	17,4	15,4	15,5	15,6
L(l)$_c$ [mm]	2,27	2,33	2,30	2,33	0,75	0,76	0,76	0,76
fines(n)$_c$ [%]	29,2	27,6	25,6	25,5	11,2	10,2	10,2	10,2

Tab. 7-2: Veränderung der Fasermorphologie von BCTMP und Wellenstoff in Folge der Behandlung in der Kavitationsdüse (Q= 50 l/min, SD = 0,7 %)

Anzahl Düsendurchläufe	BCTMP				WS I			
	0	40	80	120	0	40	80	120
Durchmesser [µm]	22,9	22,9	23,2	23,3	21,7	21,4	21,4	21,2
Curl-Index [%]	7,9	7,4	7,6	7,3	13,0	12,9	13,2	13,6
L(l)$_c$ [mm]	0,72	0,69	0,71	0,71	1,24	1,24	1,20	1,19
fines(n)$_c$ [%]	27,6	29,4	29,6	32,6	28,5	31,2	29,9	30,2

Die Änderungen der fasermorphologischen Kennwerte kommen auch im Entwässerungsverhalten und im Wasserrückhaltevermögen (WRV) in Abb. 7-1 und Abb. 7-2 zum Ausdruck. Wobei der Anstieg des WRV bei den Zellstoffen im Vergleich zum BCTMP und dem Wellenstoff nur moderat war. Vor allem bei altpapierbasiertem Wellenstoff war der Anstieg des WRV von 130 % auf 149 % und des SR-Wertes von 36 auf 45 am deutlichsten zu erkennen. Gründe für die Erhöhung des SR-Wertes und des WRV des Wellenstoffs sowie BCTMP können in der Zusammensetzung der Faserstoffe liegen. Beide enthalten höhere Anteile an Feinstoffen und Lignin. Außerdem enthält der Wellenstoff einen nicht unbedeutenden Anteil an anorganischen Füllstoffen aus dem eingetragenen Altpapier. Für den Kurz- und Langfaserzellstoff fallen dagegen der Anstieg des SR-Wertes und des WRV im Vergleich zu einer Refiner-Mahlung nur gering aus.

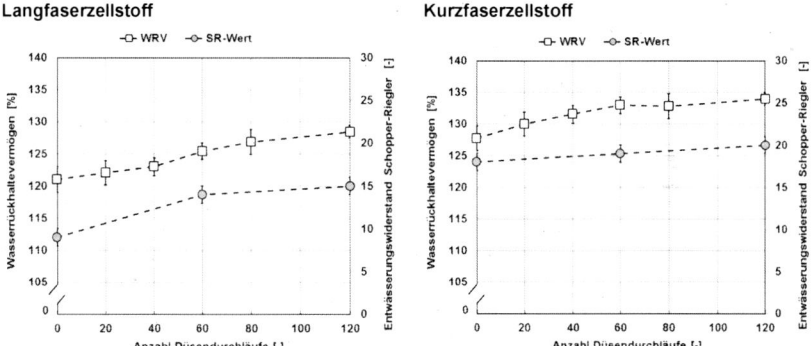

Abb. 7-1:   Veränderung des WRV und SR-Wertes von Langfaserzellstoff und Kurzfaserzellstoff durch die Behandlung in der Laborkavitationsdüse (Q = 50 l/min, SD = 0,7 %)

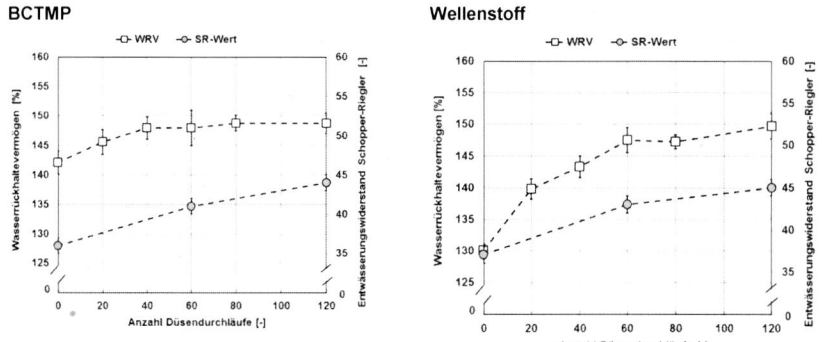

Abb. 7-2:   Veränderung des WRV und SR-Wert von BCTMP und Wellenstoff durch die Behandlung in der Laborkavitationsdüse (Q = 50 l/min, SD = 0,7 %)

In den folgenden lichtmikroskopischen Aufnahmen in Abb. 7-3, Abb. 7-4 und Abb. 7-5 ist dargestellt, wie sich die Kavitationsbehandlung auf Langfaserzellstoff, Eukalyptuszellstoff und BCTMP visuell äußert. Deutlich ist zu erkennen, dass beim Langfaserzellstoff und BCTMP eine äußere Fibrillierung stattgefunden hat. Dagegen erscheint die Struktur des Kurzfaserzellstoffs aus Eukalyptus weitestgehend unverändert.

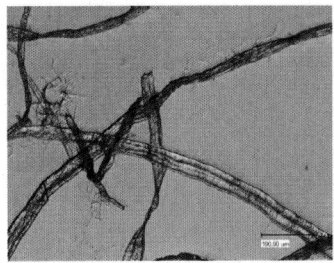 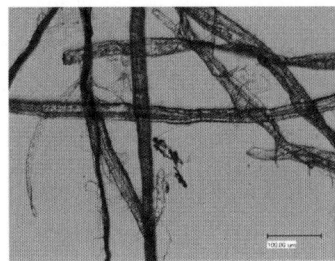

Abb. 7-3:   Lichtmikroskopie von Langfaserzellstoff unbehandelt (links) und nach Kavitationsbehandlung (Q= 50 l/min, SD = 0,7 %)

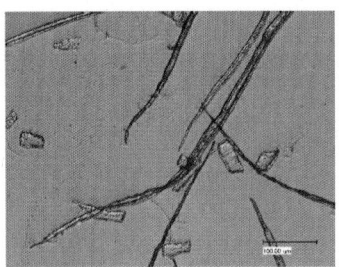 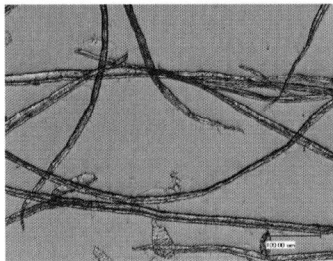

Abb. 7-4:   Lichtmikroskopie von Kurzfaserzellstoff unbehandelt (links) und nach Kavitationsbehandlung (Q= 50 l/min, SD = 0,7 %)

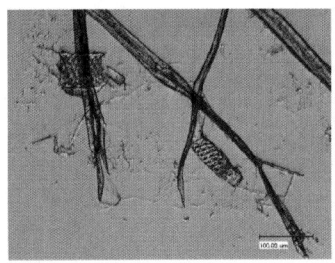 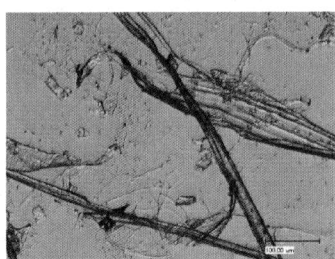

Abb. 7-5:   Lichtmikroskopie von BCTMP unbehandelt (links) und nach Kavitationsbehandlung (Q= 50 l/min, SD = 0,7 %)

7.2   Feinstruktur der Faserwand

Über Analysen der Feinstruktur der Faserwand und den molekularen Eigenschaften der Cellulose sollte untersucht werden, wie sich hydrodynamische Kavitation auf die Faserstruktur auswirkt, um zum einen Ursachen für den zuvor berichteten Einfluss der Kavitation auf die beschriebenen Fasereigenschaften zu ermitteln und zum anderen, um daraus das Anwendungspotenzial der Technologie besser bewerten zu können.

Dazu werden im Folgenden Ergebnisse zur Grenzviskositätszahl (GVZ) als Ausdruck für den molekularen Abbau der Cellulose und ergänzend dazu die Molekulargewichtsverteilung sowie die Löslichkeitseigenschaften der Faser in unterschiedlich konzentrierter NaOH-Lösung herangezogen. Außerdem wurde die Porengrößenverteilung der Faserwand mittels Thermoporosimetrie ermittelt. Wo es möglich war, wurde dafür eine vergleichende Bewertung zu einer Mahlung des Faserstoffs mit einem Scheibenrefiner vorgenommen.

Mit Hilfe der Thermoporosimetrie sollte der strukturelle Feinbau der Faserwand anhand der Porengrößenverteilung näher untersucht werden, um die Wirkung der Kavitationsbehandlung im Vergleich zu einer Mahlung bewerten zu können. In der Mahlung erfolgt mit zunehmendem Energieeintrag eine Erhöhung des WRV und des SR-Wertes, da eine innere und äußere Fibrillierung der Fasern sowie die Bildung von Feinstoff erfolgt und die Zugänglichkeit für Wasser verbessert wird. Abb. 7-6 verdeutlicht exemplarisch am Beispiel des Kurzfaserzellstoffs, wie sich damit auch die Porengrößenverteilung verändert. Mit zunehmenden Energieeintrag erfolgt eine Öffnung von Mikroporen in der Größenklasse um 20 nm und ebenso von Makroporen im Größenbereich von 100-200 nm. Thermoporosimetrische Messungen an Faserstoffen in anderen Quellen bestätigten, dass durch die Mahlung der Anteil an Poren an Makroporen bereits zu Beginn der Mahlung in Folge der internen Fibrillierung ansteigt [136, 137, 138]. Allerdings wurde bisher angenommen, dass die Mahlung nicht oder nur in einem geringen Umfang zu einer Veränderung von Poren in der Faserwand < 100 nm führt.

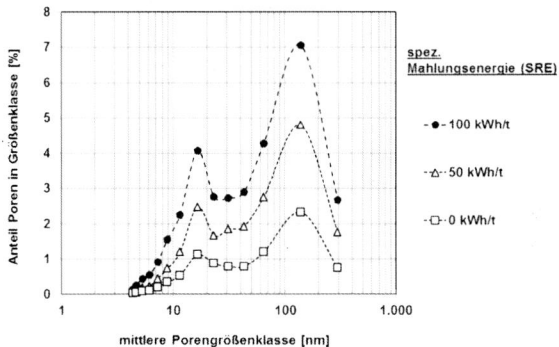

Abb. 7-6:   Porengrößenklassen von Kurzfaserzellstoff nach Mahlung im Scheibenrefiner

Die hier durchgeführten thermoporosimetrischen Messungen zeigen allerdings, dass es dennoch zu einer Veränderung des Faserfeinbaus auf Ebene der Mikrofibrillen und dessen Aggregate durch die Mahlung kommt, deren Durchmesser in der Literatur mit 16-20 nm angegeben wird [3, 4, 5].

Wie in den unten stehenden Abbildungen zu erkennen ist, führte die Behandlung in der Laborkavitationsdüse ebenso wie eine Mahlung zu einer Erhöhung des Anteils an Mikroporen im Bereich von 20 nm und der Makroporen in den Größenklassen von 100-200 nm. Der direkte Vergleich der Mahlung des Kurzfaserzellstoffs in Abb. 7-6 mit der Kavitationsbehandlung in Abb. 7-7 macht deutlich, dass mit der Mahlung aber eine deutlich stärkere Öffnung der Faserstruktur einherging.

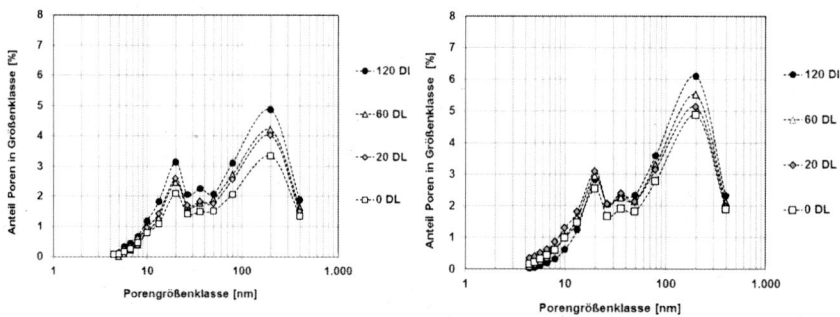

Abb. 7-7:   Porengrößenklassen KF nach   Abb. 7-8:   Porengrößenklassen LF nach
             Kavitationsbehandlung im Labor   Kavitationsbehandlung im Labor
             (Q= 50 l/min, SD = 0,7 %)   (Q= 50 l/min, SD = 0,7 %)

Weiterhin bedeutsam sind die Ergebnisse der Thermoporosimetrie für den altpapierhaltigen
Faserstoff WS I. Denn, wie in Abb. 7-10 zu erkennen ist, wurde bereits bei der geringsten
Anzahl an Durchläufen durch die Kavitationsdüse ein im Vergleich zu den Primärfaserstoffen
mindestens gleichartige Steigerung der Makroporen erreicht. Somit wurde eine
Reaktivierung des Quellungsverhaltens erreicht, welches über Mahlung von Altpapier so
kaum möglich ist, da in der Mahlung von Altpapier eine kaum zu verhindernde Faserkürzung
und zusätzliche Feinstoffbildung eintritt, die in der Kavitationsbehandlung nicht beobachtet
wurde.

In Anbetracht dessen, dass es zu keiner weiteren Feinstoffbildung oder nennenswerten
Fibrillierung durch die Kavitationsbehandlung kam, ist davon auszugehen, dass die
Kavitationsbehandlung eine Veränderung der Feinstruktur im Inneren der Faserwand
bewirkte. Dies würde die Hypothese stützen, dass das in der Faser gebundene Wasser beim
Durchlaufen der Unterdruckzone in der Kavitationsdüse und ein damit möglicherweise
verbundenes Entweichen des Wassers aus der Faserwand zu den beobachteten
Veränderungen führte, bzw. dass Schubspannungen das Fasergefüge zugänglich machten.

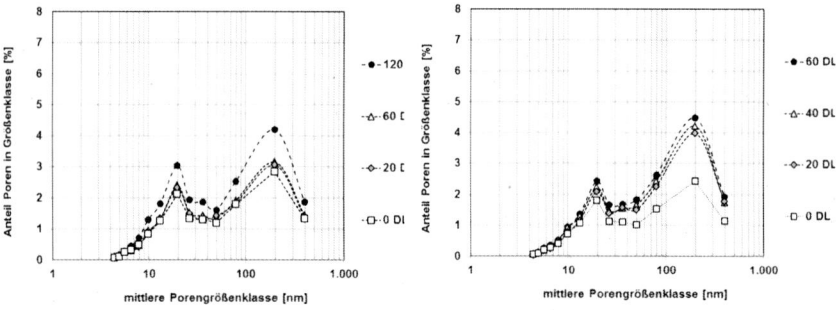

Abb. 7-9:   Porengrößenklassen BCTMP   Abb. 7-10:   Porengrößenklassen WS I nach
             nach Kavitationsbehandlung im   Kavitationsbehandlung im Labor
             Labor (Q= 50 l/min, SD = 0,7 %)   (Q= 50 l/min, SD = 0,7 %)

Auf molekularer Ebene zeigen Messungen der Grenzviskositätszahl (GVZ) als Kenngröße für den Abbau der Celluloseketten in Tab. 7-3, dass nach einer Kavitationsbehandlung von Langfaserzellstoff in der Pilotkavitationsdüse mit zunehmender Behandlungsdauer die GVZ von ursprünglich 728 cm³/g auf 666 cm³/g herabgesetzt wurde, wobei schon nach wenigen Durchläufen durch die Düse ein Rückgang auf 675 cm³/g gemessen wurde. Die GVZ gibt nur einen gemittelten Wert aller Fraktionen an Cellulose und Hemicellulose an. Aussagekräftiger in welcher Weise Hemicellulosen angegriffen werden, sind Messungen zur Löslichkeit in unterschiedlich konzentrierter Natronlauge (Alkalilöslichkeit $S_{\%NaOH}$) und Messungen zur Molekulargewichtsverteilung.

Tab. 7-3:   Entwicklung der GVZ von Langfaserzellstoff nach Behandlung in einer Pilotkavitationsdüse ($Q = 240$ l/min, $v_A = 43$ m/s, $p = 10{,}5$ bar, SD = 2,4 %)

Anzahl Durchläufe Kavitationsdüse	Grenzviskositätszahl [cm³/g]
0	728
5	679
10	675
20	666

Die Löslichkeitskurve weist dabei ein Maximum bei 10 %-NaOH-Konzentration auf, da durch eine starke Quellung der Zellwand bei 18 %-NaOH-Konzentration die Fibrillenstruktur dem Quelldruck entgegenwirkt und den Lösungsprozess behindert und daher die S_{18} niedriger ist als die S_{10}.

In Tab. 7-4 sind die Messwerte des Langfaserzellstoffs nach der Kavitationsbehandlung dargestellt. Abgeleitet aus dem Rückgang der GVZ ist eine Verschiebung von hoch- und niedermolekularen Bestandteilen der S_{18} und S_{10} hinzu kurzkettigen Molekülen in die S_5 zu erwarten gewesen. Tatsächlich ist auch ein Anstieg der S_5 zu verzeichnen. Insbesondere von der Nullprobe zur ersten Probe nach 5 Durchläufen durch die Düse ist diese Tendenz deutlich sichtbar. Jedoch ist kein klarer Trend mit fortlaufender Behandlung zu erkennen, der anzeigt, dass bereits angegriffene Ketten weiter abgebaut werden. Es ist daher nicht auszuschließen, dass die Veränderung der Löslichkeiten von der Nullprobe hin zum ersten Versuchspunkt nach 5 Durchläufen aus einer besseren Zugänglichkeit der Faserwand in Folge der Kavitation herrührt.

Tab. 7-4:   Entwicklung der Alkalilöslichkeit $S_{\%NaOH}$ von LF nach Behandlung in der Pilotkavitationsdüse ($Q = 240$ l/min, $v_A = 43$ m/s, $p = 10{,}5$ bar, SD = 2,4 %)

Anzahl Durchläufe Kavitationsdüse	S_5 [%]	S_{10} [%]	S_{18} [%]
0	7,21	14,44	12,95
5	7,59	13,58	11,43
10	7,66	13,56	11,42
20	7,58	14,14	11,70

Auch anhand der Molmassenverteilung in Abb. 7-11 war keine signifikante Veränderung der Cellulose nach der Kavitationsbehandlung von 20 Durchläufen bei einem Volumenstrom von $Q = 240$ l/min (Druck am Düseneinlauf $p = 10$ bar) durch die Pilotkavitationsdüse zu erkennen. Trotzdem wurde sichtbar, dass ein Abbau im Bereich der Molmasse von 10^4 g/mol eintrat, der den Hemicellulosen zugeordnet werden kann und auf einen Abbau von kurzkettigen Bestandteilen hinweist.

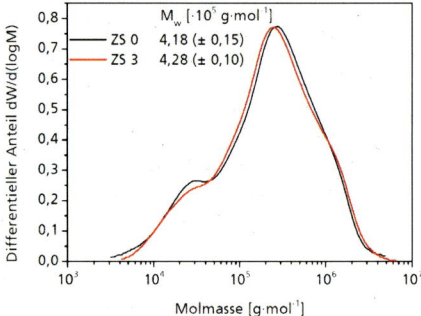

Abb. 7-11:   Molmassenverteilung LF nach Behandlung (ZS 3) und vom Ausgangszellstoff (ZS 0) in der Pilotkavitationsdüse nach 20 DL ($Q = 240$ l/min, $v_A = 43$ m/s, $p = 10$ bar, SD = 2,4 %)

Die gemessenen Werte für das WRV und den SR-Wert in Tab. 7-5 zeigen, dass neben den molekularen Veränderungen die Zugänglichkeit für Wasser und die Faserflexibilität geringfügigen erhöht wurden. Unter der Annahme, dass die mit hoher Intensität implodierenden Dampfblasen und das Verhalten des Wassers in den Poren der Faserwand zu einer externen Fibrillierung der Faseroberfläche und einer Öffnung des Faserwandgefüges führten, sollte sich zusätzlich zumindest auch die Oberflächenladung erhöhen, da freie Ladungsträger aus der Faserwand zugänglich werden.

Tab. 7-5:   Fasereigenschaften LF nach Behandlung in einer Kavitationsdüse ($Q = 240$ l/min, $v_A = 43$ m/s, $p = 10$ bar, SD = 2,4 %) im Vergleich zu einer Mahlung im Refiner (SD = 3,5 %, Schnittwinkel 60°)

Aggregat	Anzahl Durchläufe	Energie-eintrag	SR-Wert	WRV		Oberflächen-ladung	
-	-	[kWh/t]	[-]	[%]	STABW	[µeq/g]	Fehler
Kavitations-düse	0	0	15	126,8	3,8	12,6	+/-4,6
	5	78	16	131,2	3,8	22,6	+/-3,7
	10	151	16	131,7	2,0	21,6	+/-4,1
	20	294	16	131,7	2,9	25,5	+/-4,9
Refiner	0	14	122,2	2,4	16,0	+/-4,2	
	50	19	169,1	3,7	36,0	+/-4,3	
	100	31	204,9	3,1	43,7	+/-3,7	
	150	48	237,8	2,6	52,5	+/-4,0	

Mit Blick auf die Oberflächenladung im Vergleich zur Mahlung in Tab. 7-5, wird dies auch teilweise bestätigt. Denn die Oberflächenladung steigt in Folge der Kavitationsbehandlung von 12,6 µeq/g auf 25,5 µeq/g an. Dieser Wert ist aber immer noch deutlich niedriger als die Oberflächenladung des Langfaserzellstoffs LF bei einen Energieeintrag in der Mahlung von 50 kWh/t. Geringer fiel auch die Veränderung des SR-Wertes und des WRV aus, die sich streng genommen im Bereich der Standardabweichung und des Messfehlers bewegte. Dies stützt die Hypothese, dass die beschriebenen molekularen und strukturellen Änderungen in der Faserfeinstruktur vorrangig im Inneren der Faserwand vonstattengehen, da WRV und SR-Wert als Summenparameter wenig bis gar keiner Veränderung verzeichneten und zudem kaum eine Feinstoffbildung oder Faserkürzung – zumindest an den Zellstoffen – bislang offensichtlich wurde.

Der in Tab. 7-5 dargestellte Energieeintrag für die Kavitation ist allerdings im Gegensatz zur Mahlung nicht der spezifische Energieeintrag, der die Leerlaufleistung des Refiners berücksichtigt, sondern die über die Pumpe eingetragene Gesamtenergie. Unter Berücksichtigung der geringeren Stoffdichte in der Kavitationsdüse ist somit der deutlich höhere Energieverbrauch erklärbar.

7.3 Papiereigenschaften

Aus den in der Laborkavitationsdüse behandelten Faserstoffen wurden Laborblätter zur Bewertung der Blatteigenschaften hergestellt. In Tab. 7-6 sind die papier-physikalischen Eigenschaften nach 120 Durchläufen durch die Laborkavitationsdüse dargestellt. Wie schon in den mikroskopischen Bildern zu sehen war, verhalten sich Kurz- und Langfaserzellstoffe unterschiedlich. Der Tensile Index des Langfaserzellstoffs stieg um 19 % von 22,6 Nm/g auf 26,6 Nm/g an. Der Berstdruck wurde dabei um 28 % und die Spaltarbeit (Scott Bond) um 52 % erhöht. Keine Steigerung der Festigkeitseigenschaften wurde dagegen am Kurzfaserzellstoff erzielt. Obwohl die hydrodynamische Kavitation das WRV und den SR-Wert des BCTMP stärker verändert hatte, wurde keine Steigerung der Papierfestigkeiten erreicht. Durch die Kavitationsbehandlung am WS I konnte der Tensile Index um 21 % und die Spaltarbeit um 50 % gesteigert werden.

Tab. 7-6: Papierfestigkeiten von Faserstoffen nach Behandlung in der Laborkavitationsdüse (Q= 50 l/min, v_A = 16 m/s, SD = 0,7 %)

		LF		KF		BCTMP		WS I	
Anzahl Durchläufe	[-]	0	120	0	120	0	120	0	120
Tensile Index	[Nm/g]	22,3	26,6	29,4	30,8	16,3	18,6	31,5	38,0
	STABW	1,78	1,96	0,91	1,43	1,33	1,21	1,16	1,98
Berstdruck (Mullen)	[kPa]	113	145	100	109	42	47	124,6	152,0
	STABW	4,2	5,6	8,3	3,4	0,9	1,5	7,19	2,6
Spaltarbeit (Scott Bond)	[J/m²]	91,6	139	72,3	113	63,9	65,6	179,9	269,0
	STABW	6,3	14,5	5,1	16,4	5,33	7,22	17,81	18,83

In diesem Zusammenhang stellt sich die Frage nach den Gründen für das besondere Verhalten des Wellenstoff WS I. Dies ist gekennzeichnet dadurch, dass keine Faserkürzung und kaum eine Feinstoffbildung eintraten und trotzdem der SR-Wert und das WRV im Vergleich zu den Zellstoffen eine deutliche Erhöhung erfuhr. Auch wurde ermittelt, dass das Porenvolumen in einem Maße erhöht wurde, dass man davon ausgehen kann, dass vormals verhornte Bereiche wieder reaktiviert wurden, ohne dass sich eine weitere Faserschädigung in Form einer Faserkürzung vollzog. Als mögliche Ursachen könnten folgende Eigenschaften des Wellenstoffs allgemein herangezogen werden, von denen im weiteren Verlauf ausgewählte näher untersucht worden sind:

- Die anorganischen Füllstoffe und Pigmente mit einem Anteil von 15 % im Faserstoff können in Anlehnung an PROZOROV [84] so im Kavitationsfeld beschleunigt werden, dass es aufgrund ihrer Größe und des Dichteunterschieds zu einer Veränderung der Faseroberfläche kommt.

- Außerdem könnte die für Altpapierfaserstoffe charakteristische Verhornung eine Vorrausetzung sein, bei der es zu dem oben beschriebenen Verhalten des Wellenstoffs kommt.

- Das Kavitationsfeld bewirkt eine verstärkte Ablösung von Füllstoffen und Pigmenten, die im weiteren Verlauf der Blattbildung ausgetragen werden und somit nicht mehr störend auf die Blattfestigkeiten wirken.

- Die mechanisch vorgeschädigten Fasern im Altpapier sind maßgeblich für die beobachteten Faser- und Papiereigenschaften.

- Wellenstoff enthält hohe Anteile von Oberflächenstärke und stärkebasierten Klebstoffen, die im Verlauf der Kavitation von der Faser abgelöst und wieder aktiviert werden.

Gegen die Wirkung der Füllstoffe und Pigmente als zusätzliches Mahlhilfsmittel spricht, dass eine Veränderung der Faserstruktur anscheinend vorrangig in der Faserwand und nicht an der Oberfläche stattfindet. Untersuchungen mit einem gezielten Einsatz von Füllstoffen im Kavitationsfeld von Zellstoffen konnten diese Annahme nicht stützen, so dass keine weiteren Messungen dazu vorgenommen wurden.

Um die Bedeutung der Verhornung zu untersuchen, wurde der Langfaserzellstoff mehrfach auf einer Versuchspapiermaschine bei erhöhter Temperatur der Trockenzylinder von 135 °C zu Papieren verarbeitet und anschließend rezykliert, um herauszuarbeiten, ob die Verhornung reversibel ist. Zwischen den einzelnen Trocknungsschritten wurde der Faserstoff in einer Kavitationsdüse behandelt. Mittels der Kavitation konnten die Festigkeiten nicht erhöht werden, so dass dies hier nur am Rande Erwähnung finden soll und ebenso nicht weiter verfolgte wurde. Bei der Frage nach dem Austrag von Füllstoffen in der folgenden Blattbildung führten die Messungen der Asche ebenso nicht zu der Erkenntnis, dass die höheren Festigkeitseigenschaften auf einen Ascheaustrag zurückzuführen wären. Darauf wird im späteren Verlauf nochmals eingegangen.

In weiteren Untersuchungen wurde eine mögliche Vorschädigung der Fasern als Ursache für die Festigkeitssteigerung geprüft. Dabei wurde nicht nur ungemahlener Zellstoff in der Kavitationsdüse behandelt, sondern bereits vorgemahlener Kurz- und Langfaserzellstoff, um zu ermitteln, ob eine definierte Vorschädigung der Faserwand Einfluss auf die Fasereigenschaften nach einer Kavitationsbehandlung hat. Dies könnte einen Hinweis darauf liefern, aus welchem Grund der Wellenstoff, der aus bereits vorgeschädigten Fasern zusammengesetzt ist, eine im Vergleich zu den Primärfaserstoffen vergleichsweise hohe Steigerung des SR-Wertes, des WRV und der Papierfestigkeiten aufwies.

In Abb. 7-12 ist zu erkennen, dass eine Steigerung des Tensile Indexes durch die Behandlung in der Laborkavitationsdüse ($Q = 50$ l/min, SD = 0,7 %) hauptsächlich am ungemahlenen Zellstoff erzielt wurde. Der Tensile Index sowie SR-Wert entwickeln sich für beide Faserstoffe als Folge der Kavitationsbehandlung in gleichem Maße wie die Mahlkurve verläuft. Gleichzeitig wird aber auch deutlich, dass unter gewählten Bedingungen nicht die Festigkeitssteigerung einer Mahlung erreicht werden konnten. Weitere Ergebnisse zu diesen Versuchen sind im Anhang Tab.-A. 5 zu finden.

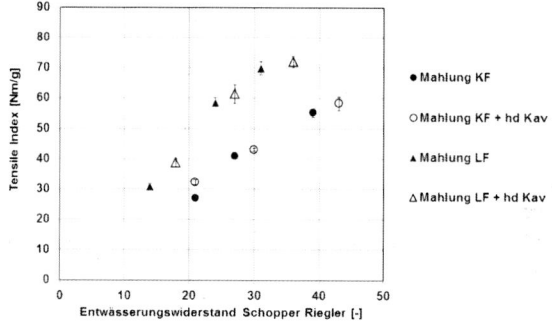

Abb. 7-12:   Tensile Index und SR-Wert nach Mahlung und anschließender Behandlung in Laborkavitationsdüse; Mahlung KF SRE 0 kWh/t, 50 kWh/t und 150 kWh/t (SEC 1 Ws/m), Mahlung LF SRE 0 kWh/t, 50 kWh/t und 100 kWh/t (SEC 2,13 Ws/m)

Bezüglich einer möglichen Aktivierung der im Altpapier enthaltenen Oberflächen- und Klebstärke kann anhand Abb. 7-13 die Aussage getroffen werden, dass es sich vielmehr um einen Abbau der Stärke oder zumindest um eine Ablösung und dann einen Austrag in der Laborblattbildung handelt, da in Abhängigkeit vom Volumenstrom und Anzahl der Durchläufe durch die Kavitationsdüse der Stärkegehalt im Papier verringert wurde. Damit wäre bewiesen, dass das Verhalten der Stärke nicht die beobachtete Festigkeitssteigerung bedingt haben kann.

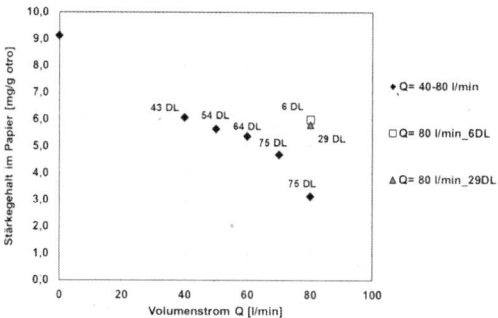

Abb. 7-13:   Stärkegehalt im Laborblatt von WS I nach Behandlung in der Laborkavitationsdüse (SD = 0,7 %)

7.4 Fazit Wirkung von hydrodynamischer Kavitation auf Faser- und Papiereigenschaften

Es wurde gezeigt, dass in der Kavitationsdüse Fasern zwar gestreckt werden aber kein mechanischer Abbau der Fasern stattfindet. Daneben kommt es zu einer Steigerung der Oberflächenladung und zur Öffnung von Mikro- und Makroporen im Bereich von 16-20 nm und 100-200 nm, was als Folge der hydrodynamischen Kavitation gewertet werden kann. Damit ist eine hydrodynamische Kavitationsbehandlung von Faserstoffen ähnlich der Wirkungsweise einer Mahlung, da durch diese ähnliche Änderungen der inneren Feinstruktur hervorgerufen werden. Im Gegensatz zu einer herkömmlichen Mahlung mit einem Scheibenrefiner tritt aber nur eine geringfügige Faserkürzung oder Feinstoffbildung ein. Demnach ruft eine hydrodynamische Kavitation also vermehrt eine interne Delaminierung und Fibrillierung von Faserwandschichten hervor. Diese Wirkungsweise wäre somit ähnlich der von bekannten Labormühlen, wie der PFI-Mühle oder der Lampen-Mühle, die hauptsächlich durch Kompression und Schubspannung in Folge der Mahlgarnituren Änderungen der Faserstruktur hervorrufen [26].

Der beobachtete Abbau der GVZ vollzieht sich anhand der Veränderung der Molekulargewichtsverteilung, welcher mit fortschreitender Kavitation festgestellt worden ist, vermutlich an den Hemicellulosen oder kurzkettigen Cellulosen. Auch dieses Verhalten ist aus Mahlungsuntersuchungen bekannt. [25, 26, 28]

Damit lässt sich in Bezug auf die in Kap. 4 formulierte Hypothese 2 postulieren, dass die Wirkung der hydrodynamischen Kavitation mit hoher Wahrscheinlichkeit im Zusammenhang mit dem Passieren der Unterdruckzone und der folgenden turbulenten Kavitationszone steht. Ob dies allerdings auf die Veränderung des in der gequollenen Faserwand enthaltenen Wassers zurückzuführen ist oder durch Schubspannungskräfte im Strömungsfeld verursacht wird, kann nicht abschließend beantwortet werden. Gleichzeitig wird damit weitestgehend ausgeschlossen, dass, wie in Hypothese 3 formuliert, implodierende Microjets, die auf die Faserwand treffen, als Hauptursache für die beobachteten Änderungen der Fasereigenschaften gelten können. Welche Bedeutung freilich auftretende dampfblasennahe Turbulenzen und Schubspannungen in diesem Zusammenhang spielen, konnte Anhand der Untersuchungen nicht ermittelt werden.

Die bislang erreichte Effizienz in Bezug auf Durchlaufanzahl durch die Laborkavitationsdüse und Einfluss auf die Papierfestigkeiten blieb anhand des angewandten Vorgehens hinter der Mahlung vor allem für Primärfaserstoffe zurück. Dennoch kann gesagt werden, dass mittels der Kavitationsbehandlung für den altpapierhaltigen Wellenstoff WS I praxisrelevante Eigenschaftsverbesserungen möglich waren, da keine Faserkürzung im Gegensatz zur herkömmlichen Refinermahlung eintrat und trotzdem ähnliche Festigkeitssteigerungen am Blatt erzielt wurden. Somit bestätigte sich die Annahme, dass es mittels hydrodynamischer Kavitationsbehandlung ein durchaus hohes Potenzial zum Einsatz in der Stoffaufbereitung von altpapierbasierten Papieren gibt, sofern die Anzahl der Düsendurchläufe reduziert werden kann und somit auch die Effizienz der Behandlung gesteigert wird. Um dies zu erreichen, sind prinzipielle Überlegungen, den Volumenstrom bzw. den Einlaufdruck der Kavitationsdüse und die Stoffdichte weiter zu erhöhen. Daneben müsste die Geometrie der Düse überdacht werden, da der Erweiterungswinkel am Düsenauslauf und die Länge der Düse unter den in Kap. 3.6 dargelegten Bedingungen für eine Steuerung der Kavitationsintensität ebenso Optimierungspotenzial aufweist.

Aus diesem Grund wurde einerseits der Versuchsstand der Laborkavitationsdüse mit einer leistungsfähigeren Pumpe ausgestattet, um den Volumenstrom und Druck zu erhöhen sowie andererseits eine Pilotanlage aus der Abwasseraufbereitung mit einem größeren Durchmesser der vena contracta und optimiertem Erweiterungs- und Einlaufwinkel genutzt. Da sich anscheinend eine Behandlung besonders vorteilhaft auf altpapierbasierte Faserstoffe auswirkt, wurden zwei Anwendungsfälle für die Nutzung hydrodynamischer Kavitation in der Stoffaufbereitung geprüft. So wurde untersucht, wie eine Kavitationsdüse zur Festigkeitssteigerung für die AP-Sorte 1.04/1.05 als Verpackungsaltpapier genutzt werden kann. Und es wurde für die AP-Sorte 1.11 zum Deinking ermittelt, wie neben einer Verbesserung der Festigkeitseigenschaften vor allem die optischen Eigenschaften verbessert werden können bzw. der Herstellprozess optimiert werden kann.

8 Ergebnisse Stoffaufbereitung Altpapier

8.1 Kavitationsbehandlung von Verpackungsaltpapier

Die installierte Pumpe und die Konstruktion des Versuchsstands zur hydrodynamischen Kavitation war für einen maximalen Volumenstrom von 60 l/min (v_A=19,9 m/s) ausgelegt. Mit einem Umbau des Versuchsstands auf einen Volumenstrom von 80 l/min (v_A = 26,6 m/s) wurde es möglich, die Kavitationsintensität weiter zu steigern. Es wurden hierzu Untersuchungen bei einem Volumenstrom von 40 l/min bis 80 l/min mit dem Faserstoff WS I und DIP I durchgeführt.

Der Einfluss des Volumenstroms und damit des Einlaufdrucks für den Faserstoff WS I ist den folgenden Abb. 8-1 und Abb. 8-2 zu entnehmen. Hier wird deutlich, dass es erst ab einem Volumenstrom von Q=60 l/min möglich war, einen deutlichen Anstieg des WRV zu bewirken. Mit weiterer Erhöhung des Volumenstroms auf Q=80 l/min trat zudem auch eine offensichtliche Verbesserung der Effizienz ein, da bereits nach sechs Düsendurchläufen das WRV deutlich erhöht wurde und im weiteren Verlauf auf bis zu 160 % anstieg. Genauso wurde auch der SR-Wert durch die Erhöhung des Volumenstroms nochmals von vormals 45 SR auf 55 SR gesteigert (Abb. 8-5), was weiterhin als ein Hinweis auf die zunehmende Intensität der Kavitation bei erhöhtem Volumenstrom zu werten ist.

Wie auch schon in zuvor durchgeführten Versuchen beobachtet, hatte die Behandlung in der Laborkavitationsdüse keinerlei Zerkleinerungswirkung, da die Faserlänge trotz Steigerung der Kavitationsintensität über den Volumenstrom keine Veränderung erfuhr.

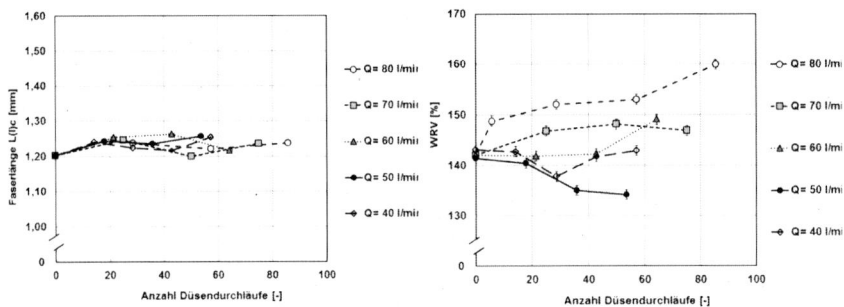

Abb. 8-1:   Faserlänge von WS I bei   Abb. 8-2:   WRV von WS I bei Q=40-80 l/min
            Q=40-80 l/min (SD=0,7%)   (SD=0,7%)

Interessanter Weise bedeutete die stärkere Einflussnahme auf die Suspensionseigenschaften im Vergleich zu den bisherigen Versuchen keine weitere Steigerung des Tensile Index oder des Berstdrucks, da der in Abb. 8-3 und Abb. 8-4 erreichte Tensile Indexes von 38,7 Nm/g und der Berstdruck von 158 kPa dem Festigkeitsniveau entspricht, welches bereits mit einem Volumenstrom von $Q = 50$ l/min erreicht wurde (siehe Tab. 7-6). Gleiches gilt auch für die hier nicht aufgeführte Spaltarbeit (siehe Anhang, Tab.-A. 6).

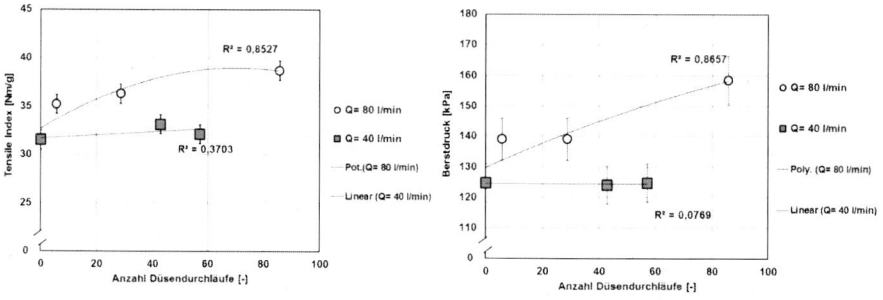

Abb. 8-3:   Tensile Index WS I für $Q = 40$ l/min und 80 l/min (SD = 0,7 %)

Abb. 8-4:   Berstdruck WS I für $Q = 40$ l/min und 80 l/min (SD = 0,7 %)

Dennoch muss zur besseren Vergleichbarkeit und zum Verständnis Abb. 8-5 herangezogen werden, da hier für die Versuchsreihe der Tensile Index in Abhängigkeit vom SR-Wert dargestellt ist, der direkt durch die Kavitationsintensität eine Veränderung erfuhr. Mit dieser Darstellung kann auch vernachlässigt werden, dass die Anzahl der Durchläufe durch die Laborkavitationsdüse durchaus unterschiedlich war.

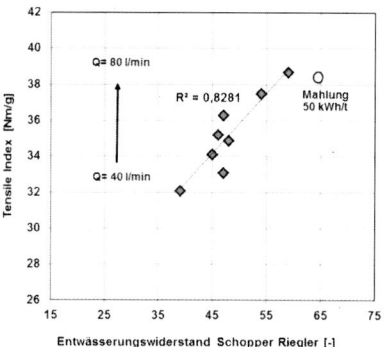

Abb. 8-5:   Tensile Index und SR-Wert WS I nach Behandlung in Laborkavitationsdüse (SD = 0,7 %) für $Q = 40$-80 l/min im Vergleich zur Mahlung [139]

So ist zu erkennen, dass der SR-Wert mit zunehmendem Volumenstrom – wie im gleichen Maße auch der Tensile Index – eine Steigerung erfahren hat und das ein Festigkeitspotenzial erreicht wurde, wie es mit einer Mahlung in einem Scheibenrefiner mit einem spezifischen Energieeintrag von 50 kWh/t möglich ist.

Der Bezug zur Mahlung aus BRENNER [139] kann hier hergestellt werden, da der gleiche Faserrohstoff für die Mahlungsuntersuchungen gewählt worden ist.

Sortenabhängig enthält Altpapier in der Regel auch einen bestimmten Aschegehalt, der überwiegend aus Füllstoffen und Strichpigmenten besteht und die Papierfestigkeiten beeinflusst. Der Ausgangsstoff enthielt einen Aschegehalt von 9,9 %. Mit der Kavitationsbehandlung geht anscheinend auch eine bessere Dispergierung der enthaltenen Füllstoffe einher, die während der Blattbildung nicht retendieren. Denn anhand des GR525 °C in Tab. 8-1 ist zu erkennen, dass der Ascheanteil im Papier mit zunehmender Kavitationsbehandlung, sei es durch die Anzahl der Düsendurchläufe oder durch Erhöhung des Volumenstroms gesteuert, im Blatt abnimmt. Dennoch ist der Einfluss auf die Festigkeiten in diesem Bereich von 1,5 %-Punkten Asche als nicht bedeutungsvoll einzuschätzen, da erst ab einem Ascheanteil von 12 % mit einem nennenswerten Rückgang der Festigkeiten mit steigendem Ascheanteil zu rechnen ist [140]. In diesem Füllstoffbereich findet im Allgemeinen ein Übergang der Einlagerung der Füllstoffe aus den Zwischenräumen des Papiergefüges hinzu Regionen der Bindungsflächen der einzelnen Fasern statt. Dadurch wird das Bindungspotenzial und die Festigkeit im Papiergefüge zwangsläufig reduziert.

Tab. 8-1:   Kavitationsbehandlung in Laborkavitationsdüse (SD = 0,7 %) für Q = 40-80 l/min und Einfluss auf Ascheanteil (GR525 °C) im Papier

Q	Anzahl Düsendurchläufe	GR525 °C
[l/min]	[-]	[%]
0 (Ref.)	0	9,91
40	43	9,63
40	57	9,62
50	54	9,09
60	64	9,12
70	75	9,05
80	86	8,49

Um der Fragestellung der Effizienzsteigerung hinsichtlich Erhöhung des Volumenstroms, der mittleren Fließgeschwindigkeit v_A bzw. des Einlaufdrucks sowie einer optimierten Düsengeometrie Rechnung zu tragen, wurden Versuche mit dem Faserstoff WS I in einer Pilotkavitationsanlage durchgeführt. Die Versuchsbedingungen wurden so gewählt, dass eine Vergleichbarkeit mit den zuvor dargestellten Ergebnissen im Labormaßstab möglich sein sollte, da der Einlaufdruck mit p = 8 bar annähernd der mittleren Fließgeschwindigkeit v_A der Laborkavitationsdüse entsprach. Zur weiteren Steigerung der Behandlung wurde darüber hinaus mit einem Einlaufdruck von p = 10 bar gearbeitet.

Wie in Tab. 8-2 zu erkennen ist, erfuhren trotz der nochmals gesteigerten mittleren Fließgeschwindigkeit v_A von 28 m/s auf 43 m/s die Faser- und Suspensionseigenschaften abermals nur eine geringe Veränderung des WRV und des SR-Wertes. Außerdem blieb auch die Fasermorphologie hinsichtlich Faserlänge und Feinstoffanteil weitestgehend unverändert. Erstmals war es hier auch möglich, den Gesamtenergiebedarf zu ermitteln, der bei einer Stoffdichte von 0,6 % mit bis zu 1.687 kWh/t als kaum praxisrelevant einzustufen ist.

Tab. 8-2:   Versuchsbedingungen sowie Suspensions- und Fasereigenschaften WS I nach Behandlung in Pilotkavitationsdüse

SD	Einlauf-druck p	DL	v_A	Energie-eintrag	WRV		SR-Wert	L(w)$_c$	Fein-stoff (l)$_c$
[%]	[bar]	[-]	[m/s]	[kWh/t]	[%]	STABW	[-]	[mm]	[%]
0,6	-		-		161,5	2,0	61	2,03	5,49
0,6	8,0	5	28	464	166,9	4,7	62	2,05	5,42
0,6	8,0	10	28	894	158,1	8,3	63	2,03	5,23
0,6	8,0	20	28	1.687	163,9	7,8	64	2,01	6,00
0,6	-		-		161,5	2,0	61	2,03	5,49
0,6	10,5	5	43	344	163,1	3,2	64	1,92	6,04
0,6	10,5	10	43	738	166,8	3,7	62	1,99	5,71
0,6	10,5	20	43	1.436	166,4	7,6	64	2,07	5,81
2,0	-		-		161,5	2,0	59	2,03	5,49
2,0	10,5	5	43	132	168,7	4,9	59	2,05	5,67
2,0	10,5	10	43	257	167,6	4,6	63	1,95	5,99
2,0	10,5	20	43	493	165,5	3,5	63	2,03	6,19

Allerdings war über eine Erhöhung der Stoffdichte auf 2,0 % in diesem Beispiel eine deutliche Reduzierung im Energiebedarf auf 132-493 kWh/t möglich. Für die Papierfestigkeiten in Abb. 8-6 und Abb. 8-7 zeigte sich, dass der Tensile Index und auch der Berstdruck wiederum auf das gleiche Festigkeitsniveau erhöht wurden, wie es zuvor in der Laborkavitationsanlage schon erzielt worden ist.

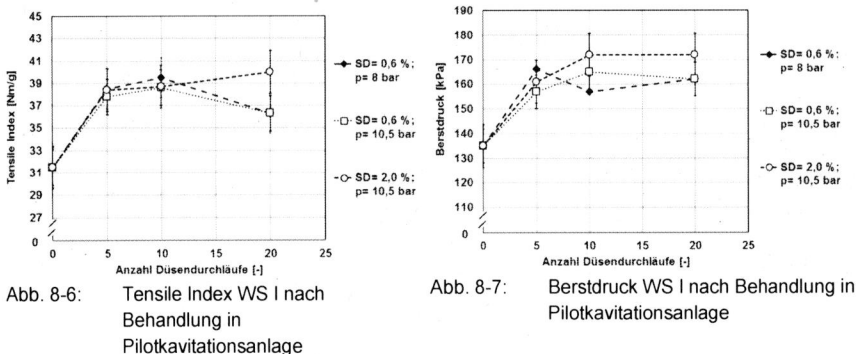

Abb. 8-6:   Tensile Index WS I nach
              Behandlung in
              Pilotkavitationsanlage

Abb. 8-7:   Berstdruck WS I nach Behandlung in
              Pilotkavitationsanlage

Im Gegensatz zu den Laborversuchen wurde das Festigkeitspotenzial hingegen mit einer deutlich geringeren Anzahl an Durchläufen durch die Kavitationsanlage erreicht. Denn das ermittelte Festigkeitspotenzial wurde bereits am ersten Versuchspunkt nach fünf Durchläufen erzielt wurde, welches zuvor erst nach 40-60 Durchläufen erlangt worden war.

Auf dieser Basis lassen sich nun auch vergleichende Betrachtungen von hydrodynamischer Kavitation und akustisch erzeugter Kavitation durchführen, da wie bereits erwähnt in BRENNER [139] die gleiche Rohstoffbasis für Untersuchungen mit Ultraschall genutzt worden ist. Hierbei wird man erkennen, dass eine Behandlung mit Ultraschall ebenso keine Zerkleinerungswirkung in Bezug auf die Fasern hervorrief. Jedoch trat mit der Ultraschallbehandlung im Gegensatz zur hydrodynamischen Kavitation eine deutlich höhere Steigerung des SR-Wertes und des WRV ein. Der Tensile Index konnte dagegen trotz der hohen Einflussnahme auf die Suspensionseigenschaften mittels Ultraschall jedoch nur um 12-16 % erhöht werden. Mit der hier angewandten hydrodynamischen Kavitation war dagegen eine Steigerung des Tensile Indexes um über 20 % möglich. In beiden Fällen war ein Energieeintrag von 70-250 kWh/t für dieses Resultat notwendig.

Daher stellt sich natürlich die Frage, ob sowohl die Anzahl der Durchläufe als auch die Stoffdichte in der hydrodynamischen Kavitationsbehandlung weiter optimiert werden können, um die Effizienz zu verbessern und den Energiebedarf noch deutlicher zu reduzieren. Zu diesem Zweck wurde im Rahmen eines Betriebsversuches das Rejekt der Feinsortierung eines dem WS I ähnlichen Altpapiers in der Pilotkavitationsanlage behandelt. Welche Bedeutung die Stoffdichte für den Energieeintrag besitzt, zeigt Abb. 8-8 in der der Gesamtenergiebedarf für einen Einlaufdruck von $p=10$ bar bei variierter Stoffdichte abgebildet ist. So beträgt der Energiebedarf für einen Durchlauf bei $p=10$ bar und einer Stoffdichte von 3,9 % lediglich 12 kWh/t. Eine Reduzierung der Stoffdichte auf 1 % hat zur Folge, dass der Energieeintrag auf 31 kWh/t ansteigt.

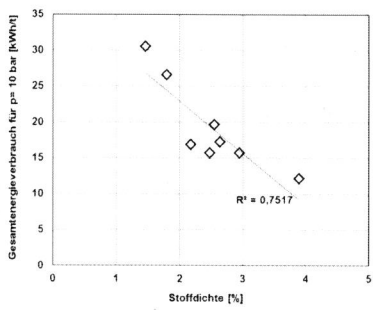

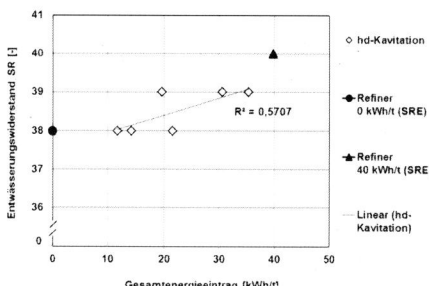

Abb. 8-8: Energieeintrag Pilotkavitationsdüse an WS II

Abb. 8-9: SR-Wert WS II (Feinrejekt) nach Pilotkavitationsdüse und Mahlung

In Abhängigkeit von der angewandten Stoffdichte aber auch vom Einlaufdruck verändert sich nicht nur der Energieeintrag, sondern vor allem auch das in Abb. 8-9 dargestellte Entwässerungsverhalten. Es ist zu erkennen, dass die Behandlung in der Kavitationsdüse im Vergleich zur Mahlung eine ähnliche Entwicklung erfährt.

Im weiteren Vergleich zur Mahlung in Abb. 8-10 und Abb. 8-11 wird deutlich, dass die Wirkungsweise an dem Rejekt der Feinsortierung hinsichtlich der Fasermorphologie ebenso zu der bekannten Streckung der Fasern in Form des abnehmenden Curl Indexes führte, wie dies auch durch die Mahlung hervorgerufen wurde. Demzufolge ist es auch nicht verwunderlich, dass der Tensile Index in Abhängigkeit vom Energieeintrag auch für die Kavitationsbehandlung zunahm. Die Steigerung des Tensile Indexes betrug bei dieser konkreten Anwendung sowohl für die Mahlung als auch für die Kavitationsbehandlung 14 %.

Allerdings konnte dies im Fall der Kavitationsbehandlung in der Pilotanlage gesichert bereits mit 30 kWh/t erzielt werden. Somit war es möglich, mit nur einem Durchlauf an das Festigkeitsniveau der Mahlung zu gelangen. Der Energiebedarf für die Mahlung erhöht sich dabei noch um den Anteil der Leerlaufleistung, die hier nicht berücksichtigt werden konnte.

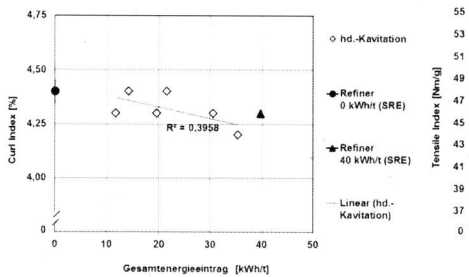

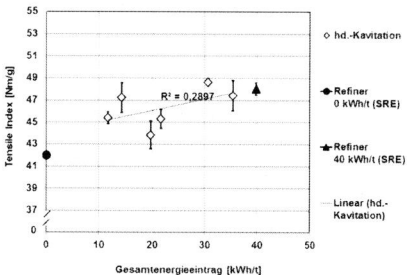

Abb. 8-10: Curl Index WS II (Feinrejekt) nach Pilotkavitationsdüse und Mahlung

Abb. 8-11: Tensile Index WS II (Feinrejekt) nach Pilotkavitationsdüse und Mahlung

8.2   Kavitationsbehandlung von Altpapier für grafische Papiere

Für eine Bewertung der Wirksamkeit einer hydrodynamischen Kavitationsbehandlung in Bezug auf eine Aufbereitung von grafischen Altpapieren wurde davon ausgegangen, dass neben der Möglichkeit einer Festigkeitssteigerung ebenso eine durch Kavitationseffekte hervorgerufene verbesserte Druckfarbenablösung und Druckfarbenentfernung aus dem Faserstoff untersucht werden sollte. Der gewählte Verfahrensablauf für die Laboruntersuchungen ist in Abb. 8-12 dargestellt.

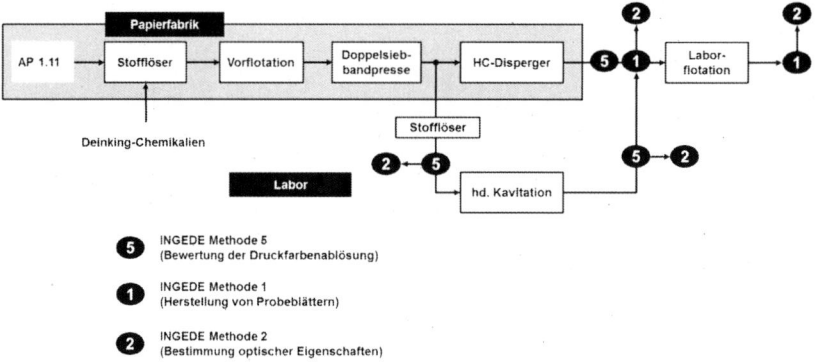

Abb. 8-12:   Verfahrensablauf DIP I im Labormaßstab

Dabei wurde angenommen, dass eine Kavitationsbehandlung anstelle einer HC-Dispergierung vorgenommen werden kann, die in der Stoffaufbereitung hauptsächlich zur Ablösung von noch an Fasern haftenden Druckfarben und deren weiterer Zerkleinerung in einem möglichst für die Flotation günstigen Bereich eingesetzt wird. Für diese Untersuchungen wurde DIP I als Faserstoff genutzt, welcher von einer Papierfabrik bereitgestellt wurde, die Altpapiere der AP-Sorte 1.11 einsetzt. Der Faserstoff wurde vor der Dispergierung, also nach der Vorflotation entnommen.

Da die Deinking-Chemikalien hier bereits in der Stufe der Stofflösung zugegeben wurden, waren die Hilfsmittel zur späteren Flotation bereits enthalten. Für diese Untersuchungen wurde vorerst wieder die Laborkavitationsdüse genutzt. Zur Bewertung der Effektivität wurde die Fläche und die Partikelgröße der Schmutzpunkte von 50 µm und größer mittels des PTS-Domas laut INGEDE Methode 2 ermittelt. Die folgenden Darstellungen der Ergebnisse beziehen sich auf die reine Druckfarbenzerkleinerung ohne nachfolgende Flotation.

In Abb. 8-13 sind die Schmutzpunkte in Abhängigkeit von der Anzahl der Durchläufe durch die Kavitationsanlage ohne Berücksichtigung der gewählten Stoffdichten und Temperaturen dargestellt. Sie beinhaltet neben den Versuchspunkten auch eine Referenz, in der Faserstoff mittels der Exzenterschneckenpumpe bei einem Volumenstrom von 170 l/min und einer Druckdifferenz $\Delta p = 0$ ohne installierte Kavitationsdüse durch den Versuchsstand für 60 min gefördert wurde (Ref. Ohne Düse, Q= 170 l/min), um sicherzustellen, dass die Veränderung der Schmutzpunkte nicht allein auf die in der Pumpe wirkenden Kräfte beeinflusst wird.

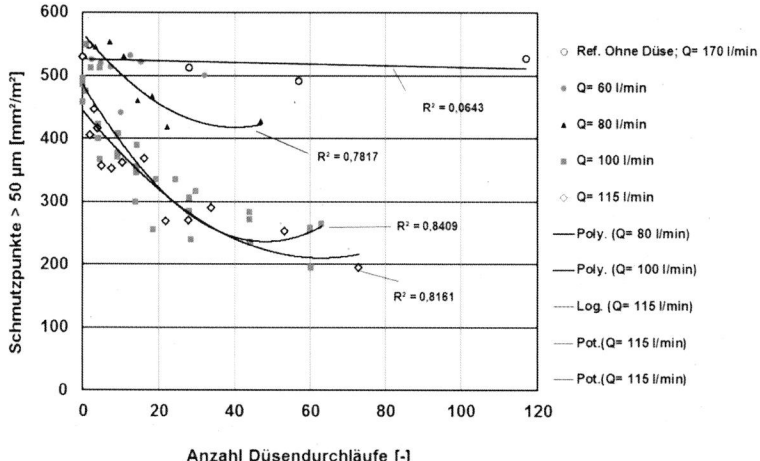

Abb. 8-13:   Reduzierung der sichtbaren Schmutzpunkte nach Kavitationsbehandlung im Labor ohne Flotation für DIP I (alle Versuche)

Ein solcher Einfluss der Pumpe auf die Schmutzpunkte konnte allerdings nicht festgestellt werden. Daher kann der Mittelwert dieser Versuchspunkte im Folgenden als Bezugspunkt für die Analyse der Versuchsbedingungen dienen. Zur weiteren Beschreibung der Einflussgrößen wird damit nicht der Messwert der Schmutzpunktfläche angegeben, sondern die prozentuale Reduzierung der Schmutzpunktfläche aller Schmutzpunkte die größer als 50 μm sind.

In Abb. 8-14 ist zu erkennen, dass mit zunehmendem Volumenstrom und damit Fließgeschwindigkeit im engsten Querschnitt und der Druckdifferenz Δp die Schmutzpunktfläche deutlich zurückgeht. Allerdings war eine merkliche Abnahme der Schmutzpunktfläche für einen Volumenstrom von 60 l/min (Δp= 0,85 bar) und 80 l/min (Δp= 2,3 bar) erst nach 5-10 Durchläufen durch die Düse zu beobachten. Dagegen war eine Reduzierung der Schmutzpunktfläche bei 100 l/min (Δp= 3,86 bar) und 115 l/min (Δp= 5,3 bar) bereits nach 1-5 Durchläufen zu erkennen.

Somit wurde eine maximale Schmutzpunktreduzierung von 50-60 % im Vergleich zum Ausgangsstoff erzielt, was dem Wirkbereich des installierten Dispergers (Ref. Disperger) der beprobten Stoffaufbereitung entsprach. Der dafür benötigte Energieeintrag von über 2.000 kWh/t war aber um eine Potenz größer als der des Dispergers. Auch wenn man eine Leerlaufleistung des Dispergers von 20-30 % annimmt, ist der Energieeinsatz der Kavitationsbehandlung bisher deutlich zu hoch für eine industrielle Umsetzung.

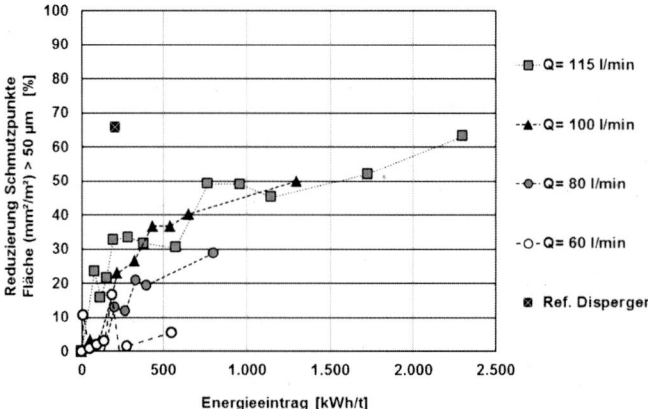

Abb. 8-14: Reduzierung der Schmutzpunktfläche DIP I nach Kavitationsbehandlung im Labor ohne Flotation (SD = 1 %, T_{Start} = 25 °C)

Durch die Steigerung des Volumenstroms von Q= 100 l/min auf Q= 115 l/min war es möglich die Reduzierung der Schmutzpunktfläche von 50 % auf 63 % bei gleicher Anzahl an Düsendurchläufen zu verbessern. Ein nach Prüfung der Normalverteilung angewandter t-Test mit der Software *Cornerstone 4.0* ergab, dass die Schmutzpunktreduzierung für diese beiden Versuchsbedingungen auch signifikant von 0 verschieden war (Tab. 8-3).

Tab. 8-3: Ergebnis t-Test zum Vergleich der Schmutzpunktfläche DIP I für Q= 100 l/min und Q= 115 l/min (SD = 1 %; T_{Start} = 25 °C)

	Q= 100 l/min	Q= 115 l/min
Count	14	12
Mean	368,571429	331,5
Std. Dev.	104,755917	75,460405
Std. Error	27,9971965	21,7835426
T-Stat.	13,1645834	15,2179104
P-Value	6,83E-09	9,79E-09
Conf. Level	0,95	0,95
Lower Conf. Interval	308,087163	283,554746
Upper Conf. Interval	429,055694	379,445254
Different from 0	Yes	Yes

Um die Effizienz der Kavitationsbehandlung in Bezug auf die Schmutzpunktzerkleinerung besser zu verstehen, soll in Abb. 8-15 die mittlere Schmutzpunktgröße betrachtet werden. Sie verdeutlicht, dass die Schmutzpunkte mit zunehmendem Volumenstrom sukzessive mit der Anzahl der Durchläufe durch die Kavitationsdüse zerkleinert wurden.

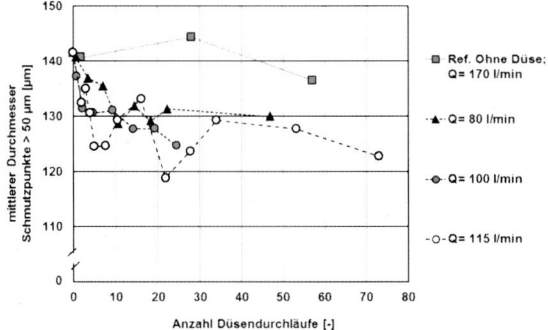

Abb. 8-15:   Mittlerer Durchmesser Schmutzpunkte DIP I nach Kavitationsbehandlung im Labor ohne Flotation (T_{Start} = 25 °C, SD = 1 %)

Vergleichend dazu ist nochmals dargestellt, dass die Schmutzpunktzerkleinerung nicht durch alleiniges Fördern bei einem Volumenstrom von Q = 170 l/min (Δp = 0) hervorgerufen wurde, da die Schmutzpunktgröße in diesem Versuch weitestgehend unverändert blieb. Außerdem ist zu erkennen, dass bei allen Kavitationsversuchen die mittlere Partikelgröße bereits nach 15-20 Durchläufen durch die Düse keine nennenswerte Zerkleinerung mehr erfuhr. Die ursprüngliche Ausgangsgröße wurde somit von 142 µm auf 120-125 µm reduziert.

Wie Abb. 8-16 zeigt, ist diese Zerkleinerung vor allem durch den Rückgang der Schmutzpunkte in der Größenklasse von 250-499 µm verursacht worden, die ebenso ab 20 Durchläufe durch die Düse nur noch unmerklich reduziert wurde. Damit werden große Schmutzpunkte in den Bereich optimaler Flotation zerkleinert. Unter Beachtung einer Effizienzsteigerung der Kavitation ist demnach eine Behandlung von 15-20 Durchläufen für den Fall der Laborkavitationsdüse ausreichend.

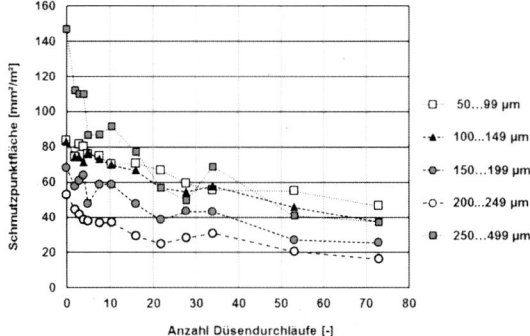

Abb. 8-16:   Schmutzpunktfläche DIP in Größenklassen in Abhängigkeit von der Anzahl der Düsendurchläufe (Q = 115 l/min, SD = 1 %, T_{Start} = 25 °C)

Weiteres Verbesserungspotenzial der Effizienz des Energieeinsatzes liegt in der Erhöhung der Temperatur von 25 °C auf 40 °C, so wie es auch in der Papierindustrie eine übliche Prozesstemperatur ist sowie in der Erhöhung der Stoffdichte. In Bezug auf den Energieeinsatz zeigt Abb. 8-17, dass durch die Steigerung der Stoffdichte auf 2 % und 4 % die Reduzierung der Schmutzpunkte bei gleicher Anzahl an Durchläufen durch die Laborkavitationsanlage nicht behindert ist. Eine Reduzierung der Schmutzpunktfläche um 50 % wurde somit bereits mit 325 kWh/t möglich. Auch durch Steigerung der Temperatur auf 40 °C ermöglichte bei einer Stoffdichte von 1 %, den Energieeinsatz zur Reduzierung der Schmutzpunktfläche um 50 % von 1.300 kWh/t auf 433 kWh/t abzusenken.

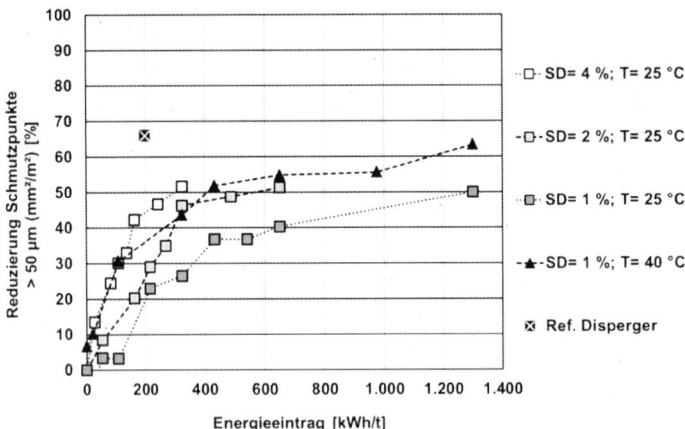

Abb. 8-17:   Einfluss von Temperatur und Stoffdichte in der Kavitationsbehandlung im Labor (Q= 100 l/min) auf Energieeinsatz und Schmutzpunktreduzierung

Bisher wurde betrachtet, wie sich die hydrodynamische Kavitation auf den Messwert der Schmutzpunktfläche auswirkt. Für das Flotationsergebnis ist aber nicht nur wichtig, dass Druckfarben zerkleinert werden, sondern, dass sie auch von der Faser abgelöst sind und nicht wieder an der Faser im Prozess reagglomerieren.

Denn nur abgelöste Druckfarbenbestanteile können in der nachfolgenden Flotation auch aus dem Faserstoffstrom entfernt werden. Entsprechend der INGEDE Methode 5 wurde daher eine Hyperwäsche (HYP) vorgenommen, anhand derer abgelöste Druckfarben, Füllstoffe und Feinstoffe ausgewaschen wurden und nach einer darauffolgenden Laborblattbildung Prüfblätter wieder hinsichtlich der Schmutzpunkte vermessen worden sind.

Die daraus resultierende Abnahme der Schmutzpunktfläche nach der Hyperwäsche im Vergleich zum Ausgangsstoff ist in Abb. 8-18 auch im Vergleich zum beprobten Disperger dargestellt. Der Ausgangsfaserstoff wies vom Ausgangspunkt her eine etwas höhere Beladung an Schmutzpunkten, was mit einer Verzögerung in der Probennahme für die Versuchsreihe erklärt werden muss.

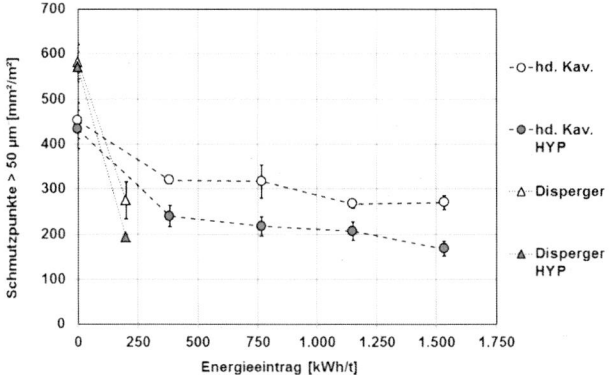

Abb. 8-18:   Druckfarbenabtrennung DP I durch hydrodynamische Kavitation ($Q = 115\,l/min$; $SD = 1,5\%$; $T_{Start} = 25\,°C$)

Ungeachtet des Energieeintrags ist zu erkennen, wie mit fortlaufender Kavitationsbehandlung zunehmend mehr Druckfarben abgelöst werden, was in einer Ink Detachment von 63 %, bezogen auf den unbehandelten nicht gewaschenen Faserstoff resultiert, die annähernd die Ink Detachment des Dispergers von 66 % erreicht. Der überwiegende Anteil der Druckfarbenablösung fand dabei bereits nach der ersten Probenahme nach 16 Durchläufen durch die Labordüse statt. Bei Betrachtung des dargestellten Energiebedarfs sollte beachtet werden, dass sich die Ergebnisse der Faser- und Blatteigenschaften auf deutlich höhere Stoffdichten von bis zu 4 % übertragen lassen sollten, wie es bereits erprobt wurde. Unter Annahme, dass ebenso 15-30 Düsendurchläufe bereits ausreichen, um zum Disperger ähnliche Ergebnisse zu erzielen, wäre also ein Energieeinsatz von 130-160 kWh/t realisierbar.

Das Resultat der anschließend durchgeführten Flotation am DIP I in Abb. 8-19 unterstreicht die Annahme, dass bereits nach 16-34 Durchläufen durch die Labordüse ein im Vergleich zum Disperger ähnliches Ergebnis bezüglich der Schmutzpunkte erreicht werden kann, was wiederum dafür spricht, die Anzahl der Durchläufe zu minimieren.

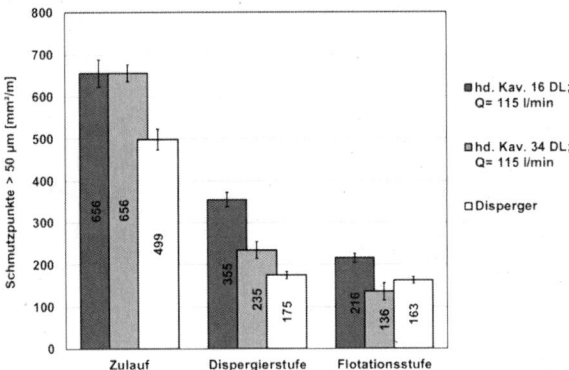

Abb. 8-19:   Schmutzpunkte > 50 µm DIP I nach Kavitationsbehandlung im Labor (SD = 1 %; $T_{Start} = 45\,°C$; $Q = 115\,l/min$) und anschließender Flotation von 3-12 min

Die über die Flotation abgetrennten schwarzen Druckfarben adsorbieren Licht im Wellenlängenbereich von 700-950 nm. Daher lässt der Lichtadsorptionskoeffizient K950 in Abb. 8-20 Rückschlüsse zu, die über die sichtbaren Schmutzpunkte nicht mit erfasst werden können. Dabei fällt auf, dass durch den Disperger der K950-Wert deutlich abnimmt. Von einer Auslöschung der Druckfarben kann dabei allerdings nicht ausgegangen werden, sondern es muss eine Agglomeration von Druckfarben in den sichtbaren Bereich hin zu größeren Schmutzpunkten in Betracht gezogen werden. Die Kavitationsbehandlung vor der Flotation bewirkte dagegen keinen nennenswerten Rückgang des Adsorptionskoeffizienten.

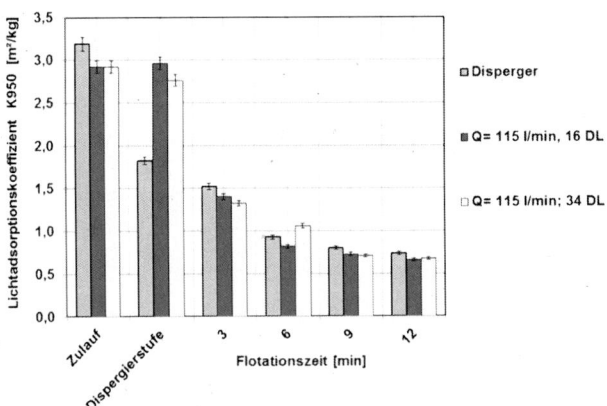

Abb. 8-20:   Lichtadsorptionskoeffizient K950 DIP I nach Disperger und Kavitationsbehandlung im Labor (SD = 1 %; $T_{Start} = 45\,°C$)

Bei der Kavitation sinkt der K950-Wert erst mit einsetzendem Austrag von Druckfarbenpartikeln im Zuge der Flotation. Der Adsorptionskoeffizient wird dabei um 50 % reduziert und ist damit noch deutlich niedriger als mit der Flotation nach der Behandlung im Disperger. Auffällig ist, dass im Vergleich der Anzahl der Durchläufe durch die Kavitationsdüse bei 16 Durchläufen durch die Anlage die Reduzierung von K950 höher war als bei 63 Durchläufen. Ob dies ebenso auf Agglomerationen zurückzuführen ist, konnte nicht ermittelt werden. Dennoch betrug die erzielte Ink Elimination für 16 und 63 Durchläufe 77 % und für den Disperger 75 %.

Da der Weißgrad in Abb. 8-21 direkt (jedoch nicht ausschließlich) über den Anteil an Druckfarben bestimmt ist, ist die Entwicklung nach der Flotation ähnlich der des Adsorptionskoeffizienten K950. Jedoch ist im Gegensatz zu K950 zu erkennen, dass nach 16 Durchläufen durch die Kavitationsdüse bereits nach einer Flotationszeit von 3 min ein deutlich höherer Weißgrad erzielt wurde, als nach 63 Durchläufen oder nach der beprobten Dispergierung.

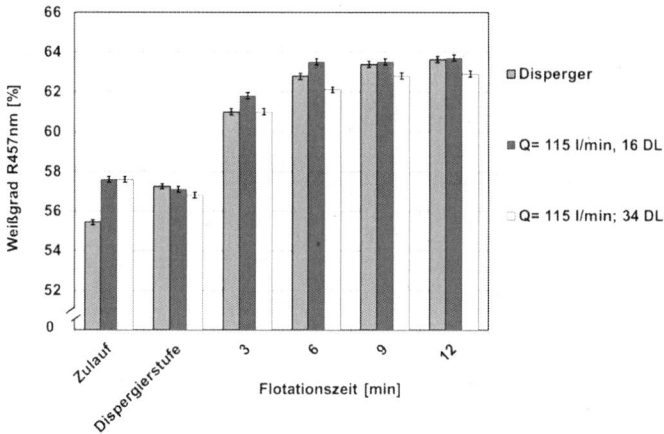

Abb. 8-21:   Weißgrad DIP I nach Disperger und Kavitationsbehandlung im Labor (SD 1 = %; T_{Start} = 45 °C)

In Bezug auf die Festigkeitseigenschaften zeigte sich, dass die Ergebnisse aus der Kavitationsbehandlung von Verpackungsaltpapier auch auf den aus grafischem Altpapier der Sorte 1.11 bestehenden DIP übertragbar sind. Das Festigkeitspotenzial, ausgedrückt über den Tear Index als Funktion des Tensile Indexes in Abb. 8-22, stellt eine statische und dynamische Festigkeit gegenüber. Im Vergleich zur hydrodynamischen Kavitation ist auch eine Mahlkurve aus der Literatur an einem vergleichbaren Faserstoff mit dargestellt [13]. Hierbei handelt es sich um Ergebnisse einer Low Intensity Mahlung, die besonders faserschonend auch zur Festigkeitssteigerung von Altpapieren genutzt werden kann.

Es ist zu erkennen, dass durch die Mahlung zwar der Tensile Index um etwa 30 % auf 42 Nm/g erhöht werden kann, jedoch ein nicht vermeidbarer Rückgang im Tear Index, wie er von den meisten altpapierhaltigen Faserstoffen bekannt ist, nicht vermieden werden kann. Im Gegensatz dazu konnte durch die Kavitationsbehandlung das Festigkeitspotenzial auch in Bezug auf den Tear Index um 20-30 % erhöht werden.

Die Steigerung des Tear Indexes ist dabei auf den weitestgehenden Erhalt der Faserlänge zurückzuführen, die bei altpapierhaltigen Faserstoffen mit nur geringer Mahlresistenz drastisch gekürzt wird. Zur Vollständigkeit ist hier auch noch einmal der Einfluss des Dispergers auf die Festigkeitseigenschaften für den DIP I mit dargestellt, die unverändert bleiben, da die Wirkung des Dispergers auch nicht primär auf Veränderung der Faserstruktur ausgerichtet ist.

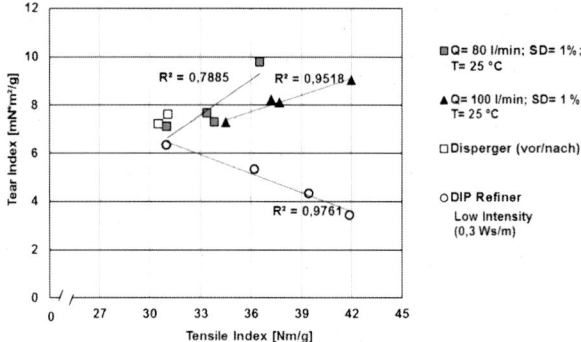

Abb. 8-22:   Festigkeitspotenzial von DIP nach Kavitationsbehandlung im Labor ohne Flotation im Vergleich zu einer Low Intensity Mahlung

Dass sich mittels hydrodynamischer Kavitation die Festigkeitseigenschaften insbesondere von üblicherweise schwer zu mahlenden Altpapierfaserstoffen verbessern lassen, wurde hier mehrfach umfangreich dargestellt. Die Untersuchungen hatten aber auch zum Ziel herauszufinden, wie die Wirkungsweise hydrodynamischer Kavitation ist, die zu den Faser- und Papiereigenschaften führt. Im Rahmen von Messungen der Fasermorphologie wurde bisher ermittelt, dass keine nennenswerte Erhöhung des Feinstoffanteils eintritt, somit anscheinend Veränderungen in der Faserwand vonstatten gehen, die eine Festigkeitssteigerung bewirken. Zum besseren Verständnis, welche Bedeutung Faser- und Feinstoffeigenschaften durch eine Kavitationsbehandlung für die Papiereigenschaften haben, wurden der Tensile Index und der Tear Index nach einer Hyperwäsche, die zur Ermittlung der Druckfarbenablösung im Rahmen der INGEDE Methode 5 durchgeführt wurde, an Laborblättern ermittelt.

Die in Tab. 8-4 dargestellten Eigenschaften der Faserstoffe zeigen, dass durch die Hyperwäsche nahezu alle Füllstoffe ausgewaschen wurden, da der GR525 °C von 12-13 % auf unter 1 % herabgesetzt wurde und der Rejektanteil von 36-40 % zeigt, dass annähernd alle Bestandteile der Faserfeinstoffe ausgewaschen worden sind. Dass für die Wäsche genutzte Sieb-Nr. 50 mit einer Porenweite von 297 μm hält vorrangig die sogenannte Mittelfaserfraktion zurück. Die auf Basis dieser Aufbereitung der Faserstoff gemessenen Festigkeitseigenschaften unterstreichen die Annahme, dass überwiegend die Beeinflussung der Faserstruktur- und nicht die der Feinstoffe die Festigkeitssteigerung bewirkten, da an den füll- und feinstofffreien hypergewaschenen Proben ebenso der Tensile Index um 21 % erhöht werden konnte. Der Erhalt des Tear Indexes indes legt aber zumindest die Vermutung nahe, dass auch Faserfraktionen, die das Sieb-Nr. 50 für mittellange Fasern passieren mit in diesen Prozess der Festigkeitssteigerung einbezogen sind.

Anderenfalls wäre zu erwarten gewesen, dass durch die bekannte Faserstreckung im Kavitationsfeld auch eine Erhöhung im Tear Index eintritt.

Tab. 8-4:   Vergleich Festigkeitseigenschaften DIP I vor und nach Hyperwäsche

Bezeichnung	Q	Anzahl DL	Tensile Index		Tear Index		GR525 °C Filter	Rejekt HYP
	[l/min]	[-]	[Nm/g]	STABW	[mN*m²/g]	STABW	[%]	[%]
hd. Kav.	0	0	26,7	1,19	6,1	0,29	13,4	
hd. Kav.	115	17	32,2	1,02	6,4	0,25	14,2	
hd. Kav.	115	35	31,7	1,06	6,6	0,44	13,5	
hd. Kav.	115	52	33,1	1,49	6,3	0,17	12,1	
hd. Kav.	115	69	34,9	1,50	6,7	0,20	13,1	
hd. Kav.-HYP	0	0	21,7	0,98	8,63	0,61	1,00	36
hd. Kav.-HYP	115	17	23,2	0,98	7,07	0,74	0,60	38
hd. Kav.-HYP	115	35	24,9	1,14	9,36	0,50	0,60	40
hd. Kav.-HYP	115	52	25,4	1,31	9,17	3,67	0,50	38
hd. Kav.-HYP	115	69	26,2	0,87	8,29	0,23	0,50	36

In der Bilanz bleibt noch offen, ob mit einer veränderten Düsengeometrie, einem höheren Durchsatz und dem Einsatz von Pumpen mit einem höheren Wirkungsgrad sich die Anzahl an Durchläufen durch die Kavitationsdüse ebenso wie bei dem Verpackungsaltpapieren noch weiter reduzieren ließe. Dies wäre ein Durchbruch in der industriellen Umsetzbarkeit.

Aus diesem Grund wurde - wie schon zuvor bei dem altpapierhaltigen Wellenstoff - eine Pilotanlage mit einem Düsendurchmesser von 12 mm im engsten Querschnitt genutzt, die zumindest bei annähernd gleicher Druckdifferenz einen höheren Durchsatz zulässt. Der Verfahrensablauf für die Untersuchungen ist in Abb. 8-23 skizziert.

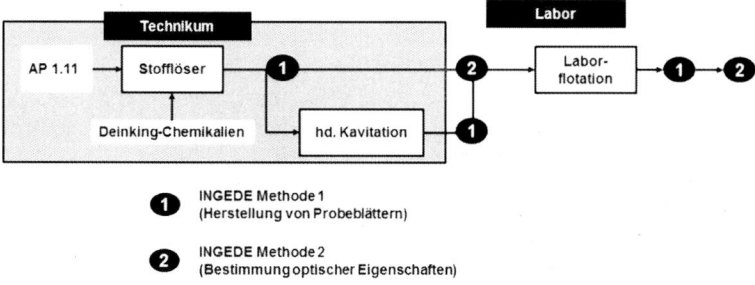

Abb. 8-23:   Verfahrensablauf DIP II im Pilot-/Technikumsmaßstab

Das Vorgehen entsprach in weiten Teilen dem von GROSSMANN et al. (2010) [110]. Jedoch wurde in deren Untersuchung zur Druckfarbenabtrennung aus dem Faserstoff anstatt einer Flotation eine Wäsche gewählt. Außerdem waren die verwendeten Druckprodukte unterschiedlicher Art, was wesentlichen Einfluss auf das Ergebnis des Deinkingprozesses hat. GROSSMANN et al. (2010) [110] verwendeten Druckprodukte mit vernetzter Lasertonertinte, die durch die Stofflösung im Pulper zu einem Größenspektrum und Form führt, die ungeeignet für das Flotationsdeinking ist, da die Druckfarben anders als bei konventionellen Bindern thermisch aushärten und gegenüber mechanischen Kräften resistent sind.

Für beide Versuchsanordnungen galt, dass die Kavitationsbehandlung das Altpapierstoffs direkt nach der Stofflösung und Lagerung vorgesehen war. Die Flotation erfolgte demnach erst nach der Kavitationsbehandlung. Es handelte sich also nicht um eine Vorflotation mit anschließender HC-Dispergierung wie zuvor in den Laborversuchen.

Im Rahmen der Versuche im Pilotmaßstab konnte eine größere Düse mit 12 mm Durchmesser im kleinsten Durchschnitt, die eine mittlere Fließgeschwindigkeit $v_A = 43$ m/s erlaubte, eingesetzt werden. Im Gegensatz dazu war mit der im Labor verbauten Düse von 8 mm Durchmesser im kleinsten Durchschnitt nur eine mittlere Fließgeschwindigkeit $v_A = 36\text{-}38$ m/s möglich. Die Tab. 8-5 verdeutlicht für die Kavitationsbehandlung im Pilotmaßstab, dass die Ergebnisse hinsichtlich Schmutzpunktanzahl und Schmutzpunktfläche nach der Flotation im Vergleich zur reinen Flotation ohne Kavitationsbehandlung deutlich gesenkt worden sind. Die absolute Schmutzpunktfläche je m² erreichte nach 5-10 Durchläufen durch die Düse nahezu die Ergebnisse der Laborversuche mit 16 Durchläufen. Der Zulauf zur Kavitation liegt mit 821 mm²/m² deutlich höher als in den Laborversuchen, da der Faserstoff keiner Vorflotation unterzogen wurde. Dennoch wurde mit der hohen Beladung an Schmutzpunkten also ein Niveau erreicht, welches in Laborversuchen an bereits teils vorgereinigten Faserstoff erzielt wurde.

Wiederum bestätigen die in Tab. 8-5 ermittelten Messungen des GR525 °C, dass zwar die Aufbereitungsvorschrift der INGEDE Methode 1 unter der Annahme arbeitet, dass für die Analyse eingesetzten Filterblätter möglichst kein Verlust an Feinstoffen und Druckfarbenbestandteile eintritt, es durch die Kavitationsbehandlung möglicherweise doch zu einem Verlust an Asche kam (Spalte GR525 °C Zulauf).

Tab. 8-5:   Schmutzpunktfläche und GR525 °C von DIP II nach Kavitationsbehandlung im Pilotmaßstab ($v_A = 43$ m/s, $Q = 240$ l/min; $p = 10$ bar; SD = 1,2 %, $T_{Start} = 25$ °C)

Probe	Leistung P [kWh/t]	GR525 °C Zulauf [%]	GR525 °C Gutstoff [%]	GSP Anzahl [1/m²]	GSP Fläche [mm²/m²]	Mittlere Partikelgröße [µm²]
Zulauf Flotation		24,0	16,0	180.984	821	4.537
Auslauf Flotation				87.594	376	4.247
5 DL-Flotation	217	23,3	11,9	67.657	244	3.609
10 DL-Flotation	422	23,3	14,5	72.288	214	2.952
20 DL-Flotation	822	22,5	15,2	62.449	214	3.388

Um zu verstehen, wie es zu der Reduzierung der Schmutzpunkte kam, sind in Abb. 8-24 die Größenklassen der Schmutzpunkte vom Zulauf und Auslauf der Flotationsstufe sowie die Größenklassen der Schmutzpunkte vor der Flotation vorgelagerten Kavitationsbehandlung dargestellt. Dabei fällt auf, dass eine alleinige Flotation relativ wirkungslos in der Entfernung von sehr großen Schmutzpunkten von größer 500 µm ist. Aufgrund der Arbeitsweise einer Flotation ist dies auch nicht zu erwarten gewesen. Mit der vorgeschalteten Kavitationsbehandlung wurde die Größenklasse > 500 µm allerdings auf etwa 20 mm²/m² nahezu minimiert. Auch in den übrigen Größenklassen ist zu erkennen, dass die Kavitationsbehandlung eine deutliche Verringerung in der Schmutzpunktfläche nach der Flotation bewirkt hat. In der Summe wird demnach auch die Anzahl an Schmutzpunkten vermindert sowie ein Teil davon in den Bereich unter 50 µm und in den nicht sichtbaren Bereich zerkleinert.

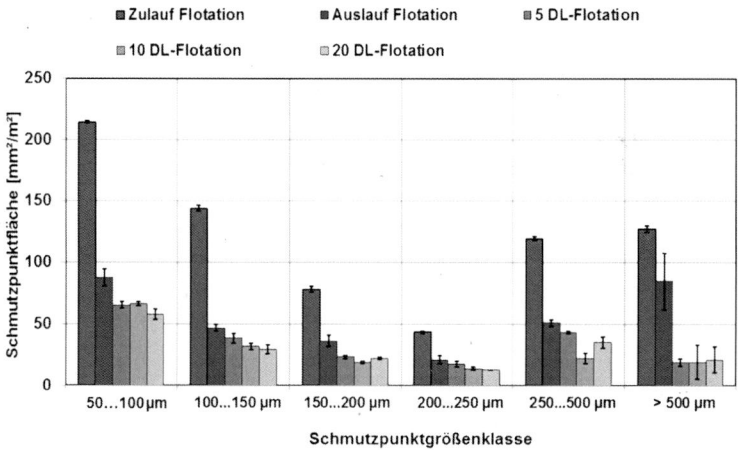

Abb. 8-24:   Schmutzpunktklassen DIP II nach Kavitationsbehandlung im Pilotmaßstab

Durch Zerkleinerung und Austrag der Schmutzpunkte in der Flotation erhöht sich erwartungsgemäß der Weißgrad des Faserstoffs. Wie in Abb. 8-25 zu erkennen ist, wurde der Weißgrad des Ausgangsstoffs (Zulauf Flotation) von 47,2 % durch die Laborflotation (Auslauf Flotation) auf 58,8 % angehoben. Durch eine Kavitationsbehandlung vor der Flotation wurde dennoch bereits nach 5 Durchläufen durch die 12 mm Kavitationsdüse noch eine zusätzliche Erhöhung des Weißgrads auf 62,4 % erreicht, die allerdings bei weiterer Behandlung von 10 und 20 Durchläufen mit 60,6 % bzw. 60,7 % zwar immer noch deutlich höher als die Referenz zum Auslauf der Flotation lag, jedoch leicht geringer als bereits nach fünf Durchläufen war. Eine Erklärung für den leichten Rückgang des Weißgrades mit fortschreitender Kavitationsbehandlung könnte der geringere Ascheanteil von 11,9 % der Probe nach fünf Durchläufen sein (Tab. 8-5), da mit dem Austrag an Asche nicht nur Füllstoffe, sondern eben auch dunkel färbende Druckfarben ausgetragen werden.

Das aber eben nicht nur der Aschanteil für den höheren Weißgrad verantwortlich ist, verdeutlicht in Abb. 8-26 der dichtebezogene Lichtadsorptionskoeffizient K, der unabhängig davon zur Berechnung der Ink Elimination herangezogen wurde. Denn die Ink Elimination ist mit 54 % nach fünf Durchläufen durch die Pilotanlage im Vergleich zur Referenz (Auslauf Flotation) mit 33 % deutlich höher. Auch nach 10 und 20 Durchläufen war die Flotation wiederum mit 42 % und 44 % Ink Elimination wesentlich effektiver und selektiver. Auf eine höhere Selektivität von Druckfarben gegenüber Füllstoffbestandteilen kann geschlossen werden, da der Ascheanteil des Gutstoffs nach 10 und 20 Durchläufen nur geringfügige Abweichungen gegenüber der Referenz zeigt.

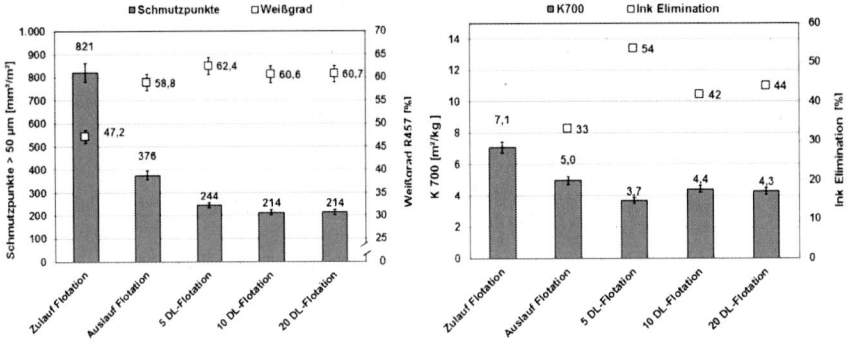

Abb. 8-25:   Schmutzpunkte und Weißgrad   Abb. 8-26:   K700 und Ink Elimination nach
             nach Kavitationsbehandlung im   Kavitationsbehandlung im
             Pilotmaßstab   Pilotmaßstab

8.3   Fazit Kavitationsbehandlung zur Stoffaufbereitung von Altpapier

Entgegen der ursprünglichen Planung auch Zellstoffe in die Untersuchungen zu einer Maßstabsvergrößerung und Vergleichsmessung heranzuziehen, wurde sich auf altpapierhaltige Faserstoffe für grafische Papiere und Verpackungspapiere konzentriert, da bereits in Kap. 7.3 deutlich wurde, dass nur geringe Steigerungsraten der Festigkeiten an Zellstoffen mit der Kavitationsbehandlung möglichen waren. Dennoch konnten wesentliche Erkenntnisse für eine Bewertung des Einsatzpotenzials von hydrodynamischer Kavitation in der Stoffaufbereitung einer Papierfabrik insbesondere für altpapierhaltige Faserstoffe gewonnen werden.

Zusammenfassend kann gesagt werden, dass sich anhand der in den Untersuchungen gewonnen Erkenntnisse das Einsatzpotenzial von altpapierhaltigen Faserstoffen durch eine hydrodynamische Kavitationsbehandlung deutlich erweitern lässt, da sowohl dynamische als auch statische Festigkeiten des Papiers nachweislich erhöht werden. Herkömmliche Methoden der Festigkeitssteigerung über eine Mahlung an altpapierhaltigen Faserstoffen lassen zwar auch im begrenzten Maße eine Erhöhung der Zugfestigkeit zu, jedoch resultiert daraus auch unweigerlich eine Faserkürzung und Reduzierung der Durchreißfestigkeit.

Darüber hinaus wurde gezeigt, dass eine Druckfarbenablösung und -zerkleinerung für die Aufbereitung von altpapierhaltigen Faserstoffen für grafische Papiere entweder vor der ersten oder auch zweiten Flotationsstufe eingesetzt werden kann. Insbesondere die vor der Vorflotation angewandte Kavitationsstufe ermöglichte ein deutlich besseres Flotationsergebnis hinsichtlich der optischen Eigenschaften.

Die anfänglich hohe Anzahl an Durchläufen durch die Kavitationsdüse und die geringen Stoffdichten bedeuteten einen Energieeintrag, der mit einer Mahlung oder der Dispergierung nicht konkurrenzfähig wäre. Dennoch konnte über eine schrittweise Reduzierung der Durchläufe und höhere Stoffdichten gezeigt werden, dass der Energieeintrag minimiert werden kann. Am Beispiel einer ausgewählten Faserstofffraktion konnte gezeigt werden, dass unter Verwendung einer aus der Abwasserbehandlung entlehnten Kavitationsdüse bereits ein Durchlauf durch die Kavitationsdüse mit einem Gesamtenergieeinsatz von 30 kWh/t ausreichend war, um die Festigkeit zu erzielen, die mit einer Refinermahlung mit einer spezifischen Mahlenergie von 40 kWh/t erreicht worden ist.

Bedeutsam für eine umfassendere Bewertung der Kavitationswirkung auf die Faser- und Papiereigenschaften lieferten Erkenntnisse der Blattfestigkeiten vor und nach einer Hyperwäsche, die bestätigten, dass die Kavitationswirkung nicht auf einer besseren Dispergierung der enthaltenen Feinstoffe beruht, sondern auf Veränderung an oder in der Faserwand. Dies ist wiederum in Übereinstimmung mit der Analyse der Fasereigenschaften in Kap. 7.2.

9   Diskussion der Ergebnisse

Im Zusammenhang mit der Zielstellung wurden drei Hypothesen formuliert, deren Prüfung das Potenzial hydrodynamischer Kavitation für den Einsatz in der Stoffaufbereitung der Papierherstellung ermöglichen sollte. Zunächst wurde für die Hypothese eins untersucht, wie ausgewählte Eigenschaften von Wasser und Faserstoffsuspensionen das Kavitationsverhalten beeinflussen. Die dazu durchgeführten Messungen zeigten eine bedingte Anwendbarkeit der Weissler-Reaktion zur Beantwortung der Fragestellungen. Messungen mit einem piezo-elektrischen Beschleunigungssensor bestätigten aber, dass vor allem der Gehalt an freien Gasen für die Intensität der Kavitation entscheidend war. Jedoch kann die Versuchsdurchführung diesbezüglich auch hinterfragt werden, da es sich gezeigt hat, dass eine kontinuierliche Erhöhung des Volumenstroms in der Versuchsdurchführung durch Temperatureinflüsse und eine mechanische Entlüftung überlagert werden könnte. Versuche in einer diskontinuierlichen Fahrweise bestätigten aber, dass die Kernaussagen zur Bedeutung des Gehalts an freiem Gas insbesondere im Bereich von geringem Differenzdruck wesentlich für die Ausbildung von intensiver Kavitation auch in Faserstoffsuspensionen ist. Genauere Messungen zum Gehalt an freien Gasen über EGT-Messungen blieben aber erfolglos.

Ein Großteil der Aussagen zur Kavitationsintensität wurden an der Laborkavitationsanlage in einem Bereich mit vergleichsweise geringer Druckdifferenz durchgeführt. Vor allem im weiteren Verlauf der Arbeit zu Untersuchungen in den ausgewählten Stoffsystemen war es aber Gegenstand, den Volumenstrom und den Differenzdruck über die in den zuvor untersuchten Bedingungen hinaus zu steigern. Ob eine Übertragung der Erkenntnisse zur Kavitationsintensität in diesen Druckbereich möglich ist, muss also offen bleiben. Wichtig wäre hier möglicherweise zu ermitteln, ob ein Zustand der Superkavitation eintritt, in dem sich ein rein mit Dampf gefüllter Bereich ausbildet, der die Effektivität der Kavitation reduziert. In diesem Zustand wäre aber zu erwarten gewesen, dass der Volumenstrom trotz Erhöhung der Pumpleistung abfällt. Dieser Zustand konnte in den durchgeführten Versuchen aber nicht festgestellt werden.

Dass Faserstoffe dämpfend auf die Kavitationsintensität wirken, konnte vorher angenommen werden. Der Umfang der dämpfenden Wirkung wurde exemplarisch bei einer Stoffdichte von 0,5 % geprüft. Dieser Stoffdichtebereich lässt aber noch keinen Rückschluss auf höhere Stoffdichten, die im weiteren Verlauf genutzt wurden, zu. Aus wissenschaftlicher Sicht hätten Betrachtungen des Massen- und Energietransports weitere Erkenntnisse geliefert. Unter Beachtung der Flussgleichung zu Transport von Masse, Energie und Impuls, deren Proportionalitätsfaktoren die Diffusionskonstante, Wärmeleitfähigkeit und die dynamische Viskosität sind, ist wohl der Impulstransport und damit die Viskosität der Flüssigkeit am bedeutsamsten, da mit zunehmender Konzentration Faserstoffsuspensionen eine deutliche Erhöhung der Viskosität erfahren, die jedoch in Abhängigkeit vom Scherfeld unterschiedlich stark ausgeprägt sein können. So gibt es Zustände ab einer kritischen Schubspannung, in denen das vormalige Fasernetzwerk vollständig aufgelöst wird, turbulente Strömungsverhältnisse eintreten und Reibungsverluste gar unter dem eigentlichen Fördermedium liegen können [141, 142, 143]. Die hohen Strömungsgeschwindigkeiten und die im Kavitationsfeld vorherrschende Turbulenz können somit dafür verantwortlich sein, dass auch bei Versuchen bis zu einer Stoffdichte von 4 % nennenswerte Ergebnisse mit der Kavitationsbehandlung erzielt werden konnten.

Die Prüfung der Hypothesen zwei und drei zielte darauf ab zu ermitteln, auf welchen Ebenen der Faserstruktur hydrodynamische Kavitation Veränderungen induziert. Dies sollte Rückschlüsse zu Möglichkeiten und Grenzen des Einsatzes in der Stoffaufbereitung erlauben. Messungen der Porengrößenverteilung und Suspensionseigenschaften lassen den Schluss zu, dass vornehmlich Veränderungen in der Faserwandstruktur durch hydrodynamische Kavitation hervorgerufen wurden. Die Messungen der Porengrößenverteilung legen nahe, dass es zu einer Reaktivierung von während der Verhornung sich schließenden Makroporen kommt, die wieder zugänglich werden. Dies könnte bedeuten, dass vor allem die Übergangsbereiche der inneren Faserwandschichten gelockert wurden. Im Zusammenhang mit der weitestgehend intakten Faseroberfläche wäre somit auch die vergleichsweise geringe Steigerung der Festigkeitseigenschaften an Kurz- oder Langfaserzellstoff erklärbar. Da die Kavitationsbehandlung offensichtlich auch keine Zerkleinerungswirkung auf Faserstoffe ausüben konnte, sondern Fasern in dem Kavitationsfeld zu einer Streckung tendierten, wurde das hohe Einsatzpotenzial für altpapierhaltige Faserstoffe zur Erhöhung der Papierfestigkeit offensichtlich. Strukturen hoher Bindungsfestigkeit und Ordnung in der Faserwand waren also durch die Kavitationsbehandlung nicht zugänglich. Aber die im Wesentlichen in den Druckfarben und Strichbestandteilen enthaltenen adhäsiv bindenden Acrylatbindemittel konnten durch das turbulente Scherfeld und die Kavitationszustände abgebaut werden, da eine deutliche Zerkleinerung der Schmutzpunkte eintrat.

Die auf dieser Grundlage durchgeführten Untersuchungen an altpapierhaltigen Faserstoffen für Verpackungspapiere und grafische Papier verdeutlichten, dass eine hydrodynamische Kavitation mit bestehenden Prozessen zur Festigkeitssteigerung und Druckfarbenfragmentierung hinsichtlich Wirksamkeit und Energieverbrauch konkurrieren kann. Warum jedoch Primärfaserstoffe nur sehr begrenzt in ihren Festigkeitseigenschaften durch hydrodynamische oder auch akustische Kavitation verbessert werden können, ist noch nicht vollständig verstanden, da insbesondere Versuche in den 1950er Jahren [104, 105] zeigten, dass auch die damals eingesetzten Sulfitzellstoffe beachtliche Festigkeitssteigerungen durch Ultraschall erfahren hatten. Aber aufgrund der unterschiedlichen Aufschluss- und Bleichbedingungen haben Sulfitzellstoffe eine deutlich geringere Mahlresistenz als Sulfatzellstoffe. Dies könnte als mögliche Erklärung für die begrenzte Anwendbarkeit von Kavitationstechnologien zur Festigkeitssteigerung bei den heutigen Zellstoffen dienen. Eine solch geringe Mahlresistenz weisen auch Faserstoffe auf Altpapierbasis auf, deren Steigerung der dynamischen und statischen Festigkeiten mit den hier angewandten Versuchsbedingungen der hydrodynamischen Kavitation Erhöhungen des Tensile Indexes und Tear Indexes zuließen, wie es z. B. auch von MANFREDI et al. (2013) [113] durch Ultraschall möglich war. Die Besonderheit der hier erzielten Ergebnisse ist, dass mittels der Pilotkavitationsdüse nachgewiesen wurde, dass mit nur einem einfachen Durchlauf durch die Kavitationsdüse und einem Energieverbrauch von 30 kWh/t der Tensile Index um 14 % verbessert wurde.

Im Vergleich mit den Untersuchungen von GROSSMANN et al. (2010) [110], die nicht eine hydrodynamische Kavitation, sondern akustisch erzeugte Kavitation zur Verbesserung der Druckfarbenentfernung in ihren Arbeiten betrachtet haben, fällt auf, dass die verbesserten optischen Eigenschaften für akustische Kavitation auf eine Reduzierung der Schmutzpunkte im Bereich von 25-75 μm zurückgeführt wird, was wiederum auch durch eine Verschiebung von ehemals sichtbaren Schmutzpunkten in den nicht mehr sichtbaren Bereich aufgrund einer verringerten Gesamtanzahl an Schmutzpunkten erklärbar wird.

In den hier durchgeführten Versuchen mit einer Kavitationsdüse wurden allerdings nur Schmutzpunkte größer 50 µm betrachtet. Da im Allgemeinen aber immer auch eine deutliche Reduzierung der Gesamtanzahl an Schmutzpunkten eintrat, ist also ebenfalls davon auszugehen, dass im Rahmen der hydrodynamischen Kavitation es zu einer Verschiebung der Schmutzpunkte hin zu Schmutzpunkten kleiner 50 µm und in den nicht sichtbaren Bereich kam, wie es auch für akustisch erzeugte Kavitation mittels Ultraschall berichtet wird. Jedoch zeigten die hier ermittelten Messungen der Schmutzpunkte in den Versuchen im Pilotmaßstab, dass vor allem eine deutliche Abnahme der Schmutzpunktfläche in der Größenklasse > 500 µm mit der Kavitationsbehandlung einher ging, was demnach eine andere Wirkungsweise der hydrodynamischen Kavitation im Vergleich zur akustisch erzeugten Kavitation nahelegt.

Bezieht man in den Vergleich den Energiebedarf für die Aufbereitung der Faserstoffe mit ein, wie es von GROSSMANN et al. (2010) [110] als Effizienz Index (notwendige spezifischer Energiebedarf pro Steigerung Weißgradpunkt) vorgeschlagen wurde, so zeigt Tab. 9-1, dass bei akustischer Kavitation vor allem durch die Erhöhung des statischen Drucks eine deutliche Steigerung der Effizienz zu verzeichnen war. Legt man die Bernoulli-Gleichung und die Rayleigh-Plesset-Gleichung zu Grunde, könnte dies aus einer größeren Druckdifferenz zwischen statischem Druck und Dampfdruck der Flüssigkeit resultieren. In dessen Folge kann der Microjet der implodierenden Dampfblasen eine größere Geschwindigkeit erreichen und damit eine höhere kinetische Energie freisetzen.

Tab. 9-1:   Vergleich Effizienz Index Deinking

Versuchsbeschreibung	Quelle	η [kWh/t*%$^{-1}$]
US, 0 bar, 1 % SD	[110]	316
US, 2 bar, 1 % SD	[110]	162
US, 2 bar, 2 % SD	[110]	81
US, 2 bar, 2 % SD, ohne Deinking Chemikalien	[110]	71
US, Laser Toner Druck, 1 % SD	[110]	166
mechan. Schwingelement, vernetzte Druckfarbe, 3 % SD	[112]	250
hd. Kav. AP 1.11, DIP I (Labor), 1 % SD		87
hd. Kav. AP 1.11, DIP II (Pilot), 1,2 % SD		61
Disperger, 28 % SD, unbeheizt/ beheizt (100-200 kWh/t)		15-31

Mittels hydrodynamischer Kavitation konnte im Vergleich zu akustischer Kavitation ein ähnlicher Deinking Effizienz Index von $\eta = 61\text{-}87$ kWh/t*%$^{-1}$ erreicht werden. Damit ist allerdings noch nicht die Effizienz des industriell arbeitenden Dispergers von $\eta = 15\text{-}32$ kWh/t*%$^{-1}$ erreichbar gewesen. Dennoch bietet eine hydrodynamische Kavitationsbehandlung weiteres Potenzial, da hier nachweislich auch mit Stoffdichten von bis zu 4 % eine erfolgreiche Schmutzpunktzerkleinerung vor der Flotation gezeigt werden konnte. Unter dieser Annahme wäre ein $\eta = 20$ kWh/t*%$^{-1}$ möglich.

10 Zusammenfassung und Ausblick

Dass es trotz der ausgereiften Verfahrenstechnik der Papierherstellung immer noch erhebliche Defizite in einer energieeffizienten Aufbereitung der Faserstoffe bei gleichzeitiger Erfüllung der optischen und mechanischen Eigenschaften gibt, war hinreichende Motivation, um die Potenziale hydrodynamisch erzeugbarer Kavitation zur Nutzung in der Stoffaufbereitung näher zu betrachten. Vor allem vor dem Hintergrund, dass bereits wissenschaftliche Untersuchungen gezeigt haben, dass akustisch erzeugte Kavitation die Faser- und Papiereigenschaften deutlich verbessern kann und damit Kavitationsprozesse grundsätzlich geeignet sein sollten, um in der Stoffaufbereitung eingesetzt zu werden. Jedoch stand dem bisher entgegen, dass der Energiebedarf insbesondere für ultraschallbasierte Kavitation sehr hoch war und die Durchsatzleistung für bestehende Systeme in Bezug auf die hohen Stoffmengen in der Papierherstellung begrenzt ist.

Zu Beginn der Arbeit wurde ungeachtet dessen deutlich, dass es vereinzelt Veröffentlichungen und wissenschaftliche Untersuchungen gab, die eine Anwendung hydrodynamischer Kavitation in der Stoffaufbereitung ebenso beschrieben. Dabei wurde jedoch bisher nicht auf die eigentlichen Vorgänge und auf die Strukturebenen eingegangen, an denen die Kavitation wirksam wird. Umso erstaunlicher erschienen in diesem Zusammenhang bis dato unveröffentlichte Dokumente, aus denen ersichtlich wurde, dass Kavitationsreaktoren in mehreren Zellstoff- und Papierfabriken in der ehemaligen UdSSR zur Stoffaufbereitung im Einsatz waren. Mit der vorliegenden Arbeit wurde nun das Ziel verfolgt, herauszuarbeiten, welche Einflussgrößen in Faserstoffsuspensionen die Kavitationsintensität steuern, auf welchen Ebenen der Faserwand diese Kavitationsvorgänge wirksam werden und welche Prozesse der Stoffaufbereitung durch hydrodynamische Kavitation möglichst energieeffizient unterstützt werden können.

Die hier zu Grunde gelegten Arbeitshypothesen basierten daher vor allem auf theoretischen Überlegungen zu allgemeinen Vorgängen, die für hydrodynamische Kavitationsprozesse bekannt waren. Als Folge prüften die durchgeführten Analysen daher zwei unterschiedlich mögliche Wirkungsweisen auf Faserstoffe. Zum einen wurde untersucht, ob eine mögliche Dampfphase im Inneren der mit Wasser hochgequollenen Faserwand gebildet wird und so Veränderungen der Faserstruktur hervorgerufen werden. Zum anderen wurde versucht zu ermitteln, ob sich durch einen Kollaps von sich im Medium befindlichen Dampfblasen die Faseroberfläche in ihren Eigenschaften z. B. der Fibrillierung wandelt. Hier wurde also von zwei verschiedenen Ursache-Wirkungsbeziehungen ausgegangen. Insbesondere die Möglichkeit, dass ein Phasenübergang zu Dampf in der Faser für die Veränderung der inneren Faserstruktur verantwortlich sein könnte, wurde zuvor – nach Kenntnis des Autors – nicht formuliert. Dies würde auch einen deutlichen Unterschied zu akustischer Kavitation bedeuten, bei der immer davon ausgegangen wird, dass die implodierenden Dampfblasen zu einer externen Fibrillierung und Strukturierung der Faseroberfläche führen.

Im Ergebnis der Arbeit kann festgehalten werden, dass nicht abschließend geklärt werden konnte, ob ein in Folge der sich ändernden Wasserphase in der hoch gequollenen Faserwand in der Unterdruckzone oder Schubspannungskräfte im Kavitationsfeld für die Veränderung der Faserstruktur verantwortlich waren. Jedoch kann festgehalten werden, dass die Wirkungsweise von hydrodynamischer Kavitation an Faserstoffen gegenüber akustischem Ultraschall verschieden ist. Dies kann postuliert werden, da Kennwerte, die die Faseroberflächenstruktur wiedergeben, wie SR-Wert oder Feinstoffanteil, weitestgehend unverändert blieben. Dies wäre jedoch zu erwarten gewesen, wenn implodierende Microjets und deren Auftreffen auf die Faserwand, wie es für Ultraschall angegeben wird, ursächlich für die Veränderung der Fasereigenschaften gewesen wären. Welche Rolle dampfblasennahe Schubspannungskräfte oder sich dadurch entwickelnde Turbulenzen spielen, blieb offen. Die beobachtete Streckung der Fasern, wie sie auch für geringe Mahlungsintensitäten bekannt ist, legt nahe, dass vor allem Schubspannungskräfte axial zur Faser für die beobachteten Faserveränderungen verantwortlich sind, ähnlich wie man es auch für die PFI-Mühle oder Lampenmühle kennt.

So wurden also im Folgenden zwei Anwendungsfälle untersucht. Die erste Anwendung befasste sich mit der Erhöhung der Papierfestigkeit von altpapierhaltigen Verpackungspapieren insbesondere von Mischungen der AP-Sorten 1.02, 1.04 und 1.05. Der zweite Anwendungsfall untersuchte die Nutzung hydrodynamischer Kavitation für eine verbesserte Druckfarbenablösung und Druckfarbenfragmentierung für die AP-Sorte 1.11, um den nachfolgenden Deinkingprozess effizienter zu gestalten.

Im Rahmen dieser anwendungsorientierten Entwicklungsarbeiten, die vorerst im Labormaßstab durchgeführt wurden, konnte gezeigt werden, dass eine Festigkeitssteigerung von über 20 % im Tensile Index möglich war, die sonst nur über eine Mahlung zu erzielen gewesen wäre. Die hohe Anzahl an Durchläufen durch die Kavitationsdüse von bis 120 Zyklen war aber dagegen alles andere als industriell umsetzbar. Daher war es ein großer Erfolg, dass im Rahmen von Versuchen mit einer Pilotanlage mit höherer Durchsatzleistung und stärkerem Druckaufbau nachgewiesen werden konnte, dass hier bereits mit einem einfachen Durchlauf durch die Kavitationsdüse mit einem Gesamtenergieeinsatz von 30 kWh/t das gleiche Festigkeitsniveau wie nach einer Mahlung mit einem spezifischen Energieeinsatz von 40 kWh/t erzielt worden ist. Dabei wurde vernachlässigt, dass mit der Mahlung eine nicht zu unterschätzende Leerlaufleistung einhergeht, die nicht mit einbezogen wurde. In allen Untersuchungen zur Festigkeitssteigerung hat sich gezeigt, dass eine mittlere Fließgeschwindigkeit v_A von 26,5 m/s im engsten Querschnitt ausreichend war, um 15-20 % an Steigerung im Tensile Index zu erzielen, und dass eine weitere Erhöhung der Fließgeschwindigkeit nicht unbedingt nötig war. Dies konnte sowohl für altpapierhaltige Verpackungspapiere als auch für grafische Papiere nachgewiesen werden.

Für grafische Altpapiere zum Deinking wurde ermittelt, dass durch hydrodynamische Kavitation vor allem Druckfarbenbestandteile größer als 250 μm fragmentiert werden und dadurch nach der Flotation optische Eigenschaften erzielbar sind, wie sie im Vergleich mit einem HC-Disperger auch möglich waren. Im Gegensatz zur Fragestellung der Festigkeitssteigerung wurde die höchste Schmutzpunktreduzierung aber auch mit der höchst möglichen mittleren Fließgeschwindigkeit v_A von 38 m/s erzielt. Die Implementierung in eine Stoffaufbereitung kann hier also vor der Vorflotation oder vor der Nachflotation erfolgen. In jedem Fall bietet eine hydrodynamische Kavitation die Möglichkeit, neben den optischen Eigenschaften auch die Festigkeiten in einem Prozessschritt zu erhöhen, ohne dabei den Tear Index zu senken. Der Nachweis, dass die Ergebnisse mit einem anstatt mit fünf Durchläufen erfolgen kann, ist jedoch noch zu erbringen. Gelingt dies, wird der Energieeinsatz auch unter dem ·von Dispergern liegen. Betrachtet man eine Stoffaufbereitung, die sowohl eine Deinkingstufe als auch eine Mahlung beinhaltet, kann heute schon davon ausgegangen werden, dass eine hydrodynamische Kavitation mit einem geringeren Energieeinsatz durchführbar ist.

Dennoch bleiben Fragen offen, die in Zukunft Gegenstand weiterer industrieller Entwicklungen sein könnten. Dies betrifft vor allem, ob mit einer Maßstabsvergrößerung von bisher angewandten max. 240 l/min im Volumenstrom hin zu vielleicht 2.400 l/min die gleichen oder auch noch bessere Ergebnisse erzielbar sind. Zudem bietet die Technologie weitere Einsatzmöglichkeiten, mit denen Prozesse in der Stoffaufbereitung der Papierherstellung vereinfacht werden könnten. Hier wäre z. B. zu nennen, ob durch eine Nachbehandlung von Flotationsrejekten, die immer noch einen hohen Anteil an für die Papierherstellung geeigneten Fasern enthalten, die Faserausbeute weiter gesteigert werden kann. Denn in den hier dargestellten Versuchen war auch immer ein gewisser Ascheverlust durch die Kavitation zu verzeichnen, der darauf hinweist, dass Füllstoff und Faserbestandteile voneinander effektiv im Kavitationsfeld getrennt werden können.

Aber auch aktuelle Probleme in der Stoffreinigung etwa von Mineralölbestandteilen oder optischen Aufhellern könnten in weiterführenden Untersuchungen erhebliches Potenzial in der Anwendung darstellen, da auch Oxidationsmittel einfach in der Kavitation einsetzbar sind und durch diese eine besonders hohe Wirksamkeit entfalten.

Neben der Nutzbarmachung der Technologie für die Papierherstellung wäre aber grundsätzlich zu klären, wie sich Papierfaserstoffe in einem turbulenten Kavitationsfeld verhalten. Der überwiegende Anteil wissenschaftlicher Publikationen, der sich hauptsächlich mit Strömungen im Stoffauflauf und in Rohrströmungen befasst, unterscheidet zwar zwischen laminarer und turbulenter Strömung. Die Zustände bewegen sich aber weit unter denen, in denen Kavitation vorherrscht. Um aber darüber hinaus Aussagen treffen zu können, wo Grenzen der Anwendbarkeit bezüglich der Stoffdichte liegen, fehlt es bisher an geeigneten Messmethoden, um in hoch opaken Faserstoffsuspensionen die Bewegung der Fasern nachverfolgen zu können. Um dieses Hindernis zu überwinden, könnten möglicherweise modifizierte Faserfraktionen als Tracerpartikel in einer Positronen-Emissions-Tomographie dienen, wie es bereits von HEATH et al. (2007) [143] genutzt worden ist.

Anhang

Tab.-A. 1:   Versuchsplan V1.0, Temperaturanstieg in Laborkavitationsdüse

Gesamtvolumen	Zeit t	Volumen-strom Q	Düsen-durchläufe	Temperatur T_{Start}	
[l]	[min]	[l/min]	[-]	[°C]	
30	0	50	0		
30	5	50	9		
30	10	50	18		
30	15	50	27		
30	20	50	36	10	27
30	25	50	45		
30	30	50	54		
30	35	50	63		
30	40	50	71		
30	45	50	80		

Tab.-A. 2 :   Versuchsplan V1.B, Abbau von KI bei diskontinuierlicher Erhöhung des Volumenstroms

Volumen-strom Q	Druck p_1	Probenahmezeit t [s] nach Anzahl x Düsendurchläufe			
[l/min]	[bar]	1	5	10	20
18	0	83	415	830	1.660
22	0,5	60	300	600	1.200
33	1,3	43	215	430	860
42	3,2	36	180	360	720
54	5,5	28	140	280	560

Tab.-A. 3: Versuchsplan V3.A-V3.B, Messung Partikelgröße (TOPAS) und Sauerstoffgehalt (Oximeter) an Frischwasser und Prozesswasser bei Volumenstrom $Q=90\,l/min$

Zeit t [min]	Anzahl Düsendurchläufen [-]	Wasserprobe
0	0	FW 1 / FW 2 / DI / KW
2	1	KW
3	2	FW 2
5	4	FW 1 / DI
6	5	FW 2 / KW
7	6	FW 1
9	8	FW 1
11	9	FW 1 / DI / KW
12	10	KW
13	11	FW 1
14	11	DI
15	12	FW 1 / FW 2
17	14	FW 1
18	15	KW
19	16	FW 1
21	17	FW 1 / DI
23	19	FW 2 / DI
27	22	DI
29	24	DI

FW = Frischwasser, DI = Wasser mit Deinking-Chemikalien, KW = Kreislaufwasser

Tab.-A. 4:   Versuchsplan Einfluss hydrodynamischer Kavitation auf Faserstoff- und Papiereigenschaften

Faserstoff	T_{Start} [°C]		Stoffdichte [%]		mittlere Fließgeschwindigkeit v_A									
					[m/s] (Labor)							[m/s] (Pilot)		
	25	45	≤1	2-2,5	13	18	20	23	28	33	38	28	36	43
Primärfaserstoff														
BCTMP	x		x			x								
KF	x		x			x								
KF-gemahlen	x					x								
LF	x		x			x								
LF				x										x
LF-gemahlen	x					x								
Altpapier														
WS I	x		x			x								
WS I	x				x	x	x	x	x					
WS I	x		x	x								x	x	x
WS II		x	x	x										
DIP I	x		x			x				x	x	x		
DIP I		x	x							x	x			
DIP II	x		x			x								x

Tab.-A. 5: Veränderung der Papiereigenschaften durch Mahlung im Scheibenrefiner und anschließender Behandlung in der Laborkavitationsdüse. Mahlung des Kurzfaserzellstoffes mit SRE 0 kWh/t, 50 kWh/t und 150 kWh/t (SEC 1 Ws/m); Mahlung des Langfaserzellstoffes mit SRE 0 kWh/t, 50 kWh/t und 100 kWh/t (SEC 2,13 Ws/m)

SRE Refiner		Kurzfaserzellstoff						Langfaserzellstoff					
Düsedurchläufe Q= 50 l/min		0 kWh/t		50 kWh/t		150 kWh/t		0 kWh/t		50 kWh/t		100 kWh/t	
			120		120		120		120		120		120
SR	[-]	21	21	27	30	39	43	14	18	24	27	31	36
mA	[g/m²]	79	79	79	78	80	76	81	79	80	79	81	81
Dicke	[µm]	133	131	126	122	115	108	137	127	123	116	116	112
Dichte	[g/cm³]	0,59	0,61	0,63	0,64	0,70	0,71	0,59	0,62	0,65	0,68	0,69	0,72
Tensile-Index	[Nm/g]	27,0	32,2	41,0	43	55,2	58,2	30,8	38,7	58,5	61,4	69,9	72
STABW		0,58	1,64	2,37	1,02	3,00	4,43	1,73	2,59	3,02	6,15	4,37	3,84
E - Modul	[GPa]	2,8	3,23	3,8	3,8	4,7	4,95	2,9	3,37	4,7	4,6	5,6	5,55
STABW		0,05	0,15	0,16	0,08	0,14	0,09	0,15	0,12	0,14	0,09	0,14	0,12
TEA	[J/m²]	32,5	45,0	75,3	84,1	139,0	127	52,2	77,5	129,0	134	145,0	162
STABW		2,92	5,68	9,71	7,19	16,40	29,60	7,83	15,00	13,50	29,20	19,10	18,30
Bruchkraft	[N]	31,9	38,5	49,2	50,7	66,9	67	37,7	46,2	71,4	72,8	85,0	87,5
STABW		0,68	1,96	2,85	1,21	3,64	5,11	2,12	3,09	3,68	7,29	5,32	4,67
Dehnung	[%]	2,0	2,28	3,0	3,27	4,1	3,8	2,7	3,36	3,7	3,93	3,6	3,99
STABW		0,13	0,18	0,24	0,22	0,28	0,65	0,27	0,51	0,22	0,65	0,30	0,28
Scott Bond	[J/m²]	135	175	318	318	457	447	125	166	414	387	421	393
Berstdruck	[kPa]	103	115	164	186	268	277	151	204	320	357	391	439
R457 D65	[%]	89,63	88,09	88,51	88,07	87,21	87,94	87,75	87,52	87,24	86,72	86,18	85,70
Opazität C C/2	[%]	82,55	83,49	81,97	81,82	81,11	79,49	77,93	76,71	75,00	73,78	73,15	72,92

Tab.-A. 6: Behandlung von WS I in Laborkavitationsdüse (SD = 0,6 %) bei variiertem Volumenstrom bis Q = 80 l/min: Versuchsplan und Ergebnisse

Q [l/min]	DL [-]	Δp [bar]	SR-Wert [-]	WRV [%]	WRV STABW	L(l)c [mm]	fines(l)c [%]	GR525 °C [%]	Tensile Index [Nm/g]	Tensile Index STABW	Scott Bond [J/m²]	Scott Bond STABW	Berstdruck [kPa]	Berstdruck STABW
Ref.	0	0,1		143	13,01	1,2	4,9	9,91	31,5	1,31	180	17,8	124,6	7,19
40	14	0,1		143	3,88	1,24	4,9							
	29	0,1	47	138	3,92	1,22	5,3							
	43	0,2	39	142	5,79	1,22	5,4	9,63	33,1	1,01	188	12,5	124	5,61
	57	0,1		143	4,46	1,25	5	9,62	32,09	0,8	191	17,8	124,6	7,19
50	18	0,4		140	4,3	1,24	5,3							
	36	0,4	45	135	4,01	1,24	5,3	9,09	34,1	1,04	225	21,6	134,6	7,35
	54	0,4		134	5,3	1,26	5							
60	21	0,9		142	2,61	1,25	5							
	43	0,9	48	142	4,34	1,26	4,5	9,12	34,88	1,01	227	12,2	144,8	6,84
	64	0,9		149	1,73	1,22	5,5							
70	25	1,6		147	6,27	1,25	4,9							
	50	1,6		148	4,92	1,2	5,7							
	75	1,6	54	147	3,84	1,24	5,6	9,05	37,5	1,71	235	27,7	167,9	6,69
80	6	2,5	46	149	5,54									
	29	2,4		152	5,69	1,24	5,5							
	57	2,4		153	3,68	1,22	5,4		35,2	0,98	211		139	5,77
	86	2,4	59	160	6,91	1,24	5,3	8,49	38,7	1,26	238	20	158,4	7,46

Tab.-A. 7:   Versuchsbedingungen und Schmutzpunktmessung DIP I in Laborversuchen

Q	SD	T_{Start}	t	DL	P	Anzahl	Fläche	Partikel-fläche	Partikel-größe	STABW		
[l/min]	[%]	[°C]	[min]	[-]	[kWh/t]	[1/m²]	[mm²/m]	[µm²]	[µm]	[1/m²]	[mm²/m²]	[µm²]
0	1	40	1	2	0	35.107	548	15.551	141	3.667	78	913
0	1	40	15	28	0	31.178	512	16.373	144	1.931	81	2.044
0	1	40	30	57	0	33.616	491	14.633	136	2.947	56	1.395
0	1	40	60	117	0	34.034	527	15.374	140	3.869	97	1.337
		MW Ref.				**33.440**	**529**	**15.766**	**142**	**3.155**	**86**	**1.431**
60	1	25	1	0	9	32.896	472	14.318	135	2.570	67	1.232
60	1	25	5	2	46	34.706	525	15.091	139	3.941	90	1.486
60	1	25	10	5	92	34.927	518	14.759	137	2.486	47	784
60	1	25	15	7	138	34.091	513	15.037	138	2.733	64	1.285
60	1	25	20	10	183	33.960	441	12.960	128	2.726	45	498
60	1	25	25	13	229	34.394	532	15.426	140	4.113	82	1.082
60	1	25	30	15	275	32.994	522	15.722	141	3.017	84	1.308
60	1	25	60	32	550	34.714	500	14.410	135	2.854	54	1.062
80	1	25	1	1	13	34.943	544	15.554	141	2.147	53	858
80	1	25	5	3	67	37.606	554	14.729	137	3.006	57	1.111
80	1	25	10	7	133	36.745	530	14.427	136	2.278	57	1.276
80	1	25	15	11	200	35.346	460	13.008	129	2.653	49	922
80	1	25	20	14	267	34.173	467	13.650	132	1.207	33	649
80	1	25	25	18	333	31.759	419	13.104	129	1.881	65	1.243
80	1	25	30	22	400	31.544	427	13.542	131	3.466	49	793
80	1	25	60	47	800	28.243	377	13.261	130	2.471	60	1.042
100	1	25	1	1	22	36.008	548	15.143	139	3.538	92	1.307
100	1	25	2,5	2	54	36.098	511	14.128	134	3.898	89	1.550
100	1	25	5	5	108	37.696	512	13.596	132	2.498	52	1.139
100	1	25	10	9	217	32.609	407	12.460	126	3.689	79	1.643
100	1	25	15	14	325	30.668	389	12.678	127	2.091	50	1.395
100	1	25	20	19	433	29.331	335	11.393	120	2.927	44	940
100	1	25	25	24	542	27.244	335	12.311	125	2.165	28	745
100	1	25	30	30	650	26.892	316	11.769	122	1.418	24	966
100	1	25	60	63	1300	22.214	265	11.881	123	1.257	44	1.521
100	1	40	0	0	0	31.479	494	15.647	141	3.199	86	1.922
100	1	40	1	1	22	29.922	476	15.893	142	2.935	69	1.580
100	1	40	5	4	108	27.399	367	13.384	131	1.085	34	951
100	1	40	15	14	325	23.607	299	12.636	127	808	14	625
100	1	40	20	19	433	22.403	255	11.360	120	1.831	26	425
100	1	40	30	28	650	20.339	239	11.721	122	1.263	33	1050
100	1	40	45	44	975	18.479	235	12.591	127	1.794	53	1729
100	1	40	60	60	1300	17.742	194	10.964	118	1.046	6	620

Q	SD	T_{Start}	t	DL	P	Anzahl	Fläche	Partikel-fläche	Partikel-größe	STABW		
[l/min]	[%]	[°C]	[min]	[-]	[kWh/t]	[1/m²]	[mm²/m]	[µm²]	[µm]	[1/m²]	[mm²/m²]	[µm²]
100	2	25	0	0	54,17	32.756	485	14.720	137	3.112	77	1.269
100	2	25	5	4	162,5	30.012	422	13.984	133	2.211	71	1.576
100	2	25	10	9	216,7	27.940	375	13.523	131	1.790	29	1.662
100	2	25	15	14	270,8	25.384	345	13.585	132	1.193	23	727
100	2	25	30	28	325	22.353	285	12.722	127	1.269	36	1.362
100	2	25	45	44	487,5	21.583	271	12.522	126	1.635	46	1.577
100	2	25	60	60	650	20.379	257	12.647	127	1.198	22	996
100	4	25	0	0	27,08	30.790	458	14.782	137	3.248	82	1.275
100	4	25	5	4	81,25	29.505	400	13.565	131	2.111	50	1.563
100	4	25	10	9	108,3	27.629	370	13.398	131	1.077	32	1.033
100	4	25	15	14	135,4	26.334	355	13.489	131	1.007	32	1.202
100	4	25	30	28	162,5	23.852	305	12.810	128	2.164	31	823
100	4	25	45	44	243,8	21.985	283	12.822	128	1.467	44	1.501
100	4	25	60	60	325	20.986	256	12.209	125	838	28	1.341
115	1	25	2	2	77	29.259	405	13.797	133	2.498	55	722
115	1	25	3	3	115	31.171	445	14.316	135	2.680	46	1.157
115	1	25	4	4	153	30.709	415	13.406	131	2.628	74	1.218
115	1	25	5	5	192	29.160	355	12.191	125	2.252	35	818
115	1	25	7,5	8	288	28.947	352	12.208	125	1.680	26	1.137
115	1	25	10	10	383	27.432	361	13.146	129	1.821	38	733
115	1	25	15	16	575	26.711	368	13.922	133	1.460	112	4.840
115	1	25	20	22	767	24.180	269	11.107	119	1.448	35	1.134
115	1	25	25	28	958	22.380	270	12.023	124	1.688	34	816
115	1	25	30	34	1150	22.001	290	13.133	129	1.069	37	1.216
115	1	25	45	53	1725	19.629	253	12.815	128	1.305	52	1.990
115	1	25	60	73	2300	16.415	195	11.843	123	1.252	37	1.933
Einlauf Disperger					0	35.509	467	13.029	129	5.030	103	1.326
Auslauf Disperger					200	16.489	180	10.800	117	2.088	44	1.274

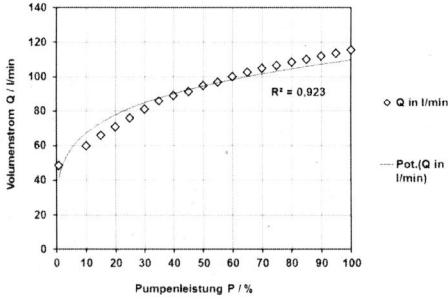

Abb.-A. 1:   Pumpenkennlinie Exzenterschneckenpumpe (Fa. Netzsch)

Literaturverzeichnis

1   N.N.: Papier 2014 – Ein Leistungsbericht. Herausgeber: Verband Deutscher Papierfabriken e.V.

2   N.N.: Branchenleitfaden für die Papierindustrie. Arbeitsgemeinschaft Branchenenergiekonzept Papier 2008

3   Ponni, R.; Vuorinen, T. & Kontturi, E.: Microfibrillar aggregation: Review. – In: BioResources 7 (2012) 4, S. 6077-6108

4   Fengel, D. & Wegner, G.: Wood-chemistry ultrastructure reactions. S. 8-15; 66-174. München: Verlag Kessel, 2003

5   Wagenführ, R.: Anatomie des Holzes. S. 83-85; 156-166. Leipzig: VEB Fachbuchverlag Leipzig, 1989

6   Buchert, J.; Teleman, A; Harjunpää, V.; Tenkanen, M. & Viikari, L.: Effect of cooking and bleaching on the structure of xylan in conventional pine kraft pulp. – In: Tappi Journal 78 (1995) 11, S. 125-130

7   Laine, J.: Effect of ECF and TCF bleaching on the charge properties of kraft pulp. – In: Paperi Ja Puu 79 (1997) 8, S. 551-559

8   Toven, K.: Swelling and physical properties of ECF/ECF light bleached softwood kraft pulps. – In: International Pulp Bleaching Conference, Nova Scotia, Jun. 2000, S. 27-30

9   N.N.: European List of Standard Grades of Paper and Board for Recycling. Guidance on the revised EN 643. Confederation of European Paper Industries (CEPI), revision 2013

10   Yamauchi, T. & Yamamoto, M.: Relationship between fibre bonding structure and tensile strength for papers made from recycled and virgin kraft pulp. – In: Appita 68 (2015) 2, S. 165-170

11   Holik, H.: Handbook of Paper and Board, Kapitel 4: Stock Preparation. S.150-206. Editor: H. Holik. 1. Auflage. Weinheim: Wiley-VCH Verlag, 2006

12   Naujock, H.-J.: Taschenbuch der Papiertechnik, Kapitel 9: Aufbereitung der Faserstoffe (Halbstoffe). S. 245. Herausgeber: J. Blechschmidt. 1. Auflage. München: Fachbuchverlag Leipzig im Carl Hanser Verlag, 2010

13   Seidemann, C. & Meinl, G.: Reduzierung der Energiekosten und Verbesserung der Faserstoffeigenschaften durch Low-Intensity-Refining. Papiertechnische Stiftung, PTS-Forschungsbericht IW 070063, 2009

14   Erhard, K.; Arndt, T. & Miletzky, F.: Einsparung von Prozessenergie und Steuerung von Papiereigenschaften durch gezielte chemische Fasermodifizierung. – In: European Journal of Wood and Wood Products, 68 (2010) 3, S. 271-280

15   Blechschmidt, J. & Naujock, H.-J.: Neue Erkenntnisse bei der Mahlung von Faserstoffen - insbesondere Altpapierstoff. – In: Zellstoff und Papier 36 (1987) 1, S. 6-10

16   Goncharov, V. N.: Force Factors in the Disc Refiner and their Effect on the Beating Process. – In: Bumazh. Prom. (English Translation) 12 (1971) 5, S.12-14

17   Nordman, L.; Levlin, J.-E.; Makkonen, T. & Jokisalo, H.: Conditions in a LC-refiner as observed by physical measurements. – In: Paperi ja Puu 63 (1981) 4, S.169-180

18   Eriksen, O.; Holmquist, C. & Mohlin, U.-B.: Fibre floc drainage – a possible cause for substantial pressure peaks in low-consistency refiners. – In: Nordic Pulp and Paper Research Journal 23 (2008) 3, S. 321-326

19   Fan, X.; Ouellet, D & Jeffrey, D. J.: A Time-Dependent Model for a Single-Disc Refiner: Local Density Fluctuations. – In: Journal of Pulp and Paper Science 23 (1997) 1, S. J1-J5

20   Paulapuro, H. (Ed.), Papermaking Science and Technology Book 8: Papermaking Part 1, Stock
        Preparation and Wet End, S. 87 (2000)

21   Fox, T. S.; Brodkey, R. S. & Nissan, A. H.: High-speed photography of stock transport in a disk
        refiner. – In: Tappi 62 (1979) 3, S. 55-58

22   Fox, T. S.; Brodkey, R. S. & Nissan, A. H.: Inside a disk refiner. – In: Tappi 65 (1982) 7, S. 80-83

23   Kondora, G. & Asendrych, D.: CFD modelling of fibre suspension flow in a rotationg machinery
        with complex geometry. – In: 2nd Conference of the High Performance Computers' Users,
        Zakopane March 12-13, 2009

24   Gharehkhani,S.; Sadeghinezhad, E.; Kazi, S.N; Yarmand, H.; Badarudin, A.; Safaei, M. R. &
        Zubir, M.N.M: Basic effects of pulp refining on fiber properties – A review. – In: Carbohydrate
        Polymers 115 (2015), S. 785-803

25   Maloney, T.C. & Paulapuro, H.: The Formation of Pores in the Cell Wall. – In: Journal of Pulp
        and Paper Science 25 (1999) 12, S. 430-435

26   Wang, X.: Improving the papermaking properties of kraft pulp by controlling hornification and
        internal fibrillation. Helsinki University of Technology, Laboratory of Paper and Printing
        Technology, Doctoral Thesis, 2006

27   Haggkvist, M.; Li, T.Q. & Odberg, L.: Effects of drying and pressing on the pore structure in the
        cellulose fibre wall studied by 1H and 2H NMR relaxation. – In: Cellulose 5 (1998) 1, S. 33-49

28   Wan, J.; Yang, J.; Ma, Y. & Wang Y.: Effects of pulp preparation and papermaking processes on
        the properties of OCC fibers. – In: BioResources 6 (2011) 2, S. 1615-1630

29   Gregg, S.J. & Sing, K.S.W.: Adsorption Surface Area and Porosity. 2. Auflage, Academic Press,
        London

30   Fardim, P. & Duran, N.: Modification of fibre surfaces during pulping and refining as analysed by
        SEM, XPS and ToF-SIMS. – In: Colloids and Surfaces A - Physicochemical and Engineering
        Aspects, 223 (2003) 1-3, S. 263–276

31   Mou, H.; Iamazaki, E.; Zhan, H.; Orblin, E. & Fardim, P.: Advanced Studies on the
        Topochemistry of Softwood Fibres in Low-Consistency Refining as Analyzed by FE-SEM, XPS,
        and ToF-SIMS. – In: BioResources 8 (2013) 2, S. 2325-2336

32   Mou, H.; Li, B.; Heikkilä, E.; Iamazaki, E.; Zhan, H. & Fardim, P.: Low Consistency Refining of
        Eucalyptus Pulp: Effects on Surface Chemistry and Interaction with FWAs. – In: BioResources 8
        (2013) 4, S. 5995-6013

33   Horvath, A. E.: The effects of cellulosic fiber charges on polyelectrolyte adsorptionand fiber–fiber
        interactions.Department of Fibre and Polymer Technology, Royal Institute of Technology
        Stockholm, Doctoral Thesis, 2006

34   Horvath, A. E. & Lindstrom, T.: Indirect polyelectrolyte titration of cellulosicfibers-surface and
        bulk charges of cellulosic fibers. – In: Nordic Pulp and Paper ResearchJournal 22 (2007) 1, S.
        87-92

35   Banavath, H.N.; Bhardwaj, N.K. &. Ray, A.K.: A comparative study of the effect of refining on
        charge of various pulps. – In: Bioresource Technology 102 (2011) 6, S. 4544-4551

36   Hartler, N.: Aspects on curled and microcompressed fibers. – In: Nordic Pulp and Paper
        Research Journal, 10 (1995) 1, S. 4-7

37   Zeng, X.; Retulainen, E.; Heinemann, S. & Fu, S.: Fibre deformations induced by different
        mechanical treatments and their effect on zero-span strength. – In: Nordic Pulp and Paper
        Research-Journal 27 (2012) 2, S. 335-342

38   Zeng, X.; Vishtal, A.; Retulainen, E.; Sivonen, E. & Fu, S.:The Elongation Potential of Paper –
        How Should Fibres be Deformed to Make Paper Extensible? – In: BioResources 8 (2013) 1,
        S.472-486

39   Arndt, T.: Ligninbereingtes Festigkeitsprofil der Kocherei und Bleiche der Zellstoff Stendal
      GmbH. Institut für Pflanzen- und Holzchemie, Technische Universität Dresden, Masterarbeit,
      2005

40   Karande, V.; Bharimalla, A.; Hadge, G.; Mhaske, S. & Vigneshwaran, N.: Nanofibrillation of
      cotton fibers by disc refiner and its characterization. – In: Fibers and Polymers, 12 (2011) 3, S.
      399-404

41   Faul, A. & Fischer, A.: Simulating a deinking plant in laboratory scale: Requirements and
      relevance. ACS 241st National Meeting Anaheim, CA, 30 March 2011

42   Hamann, L. & Meinl, G.: Minimierung von Rohstoff- und Prozesskosten bei Sicherung definierter
      optischer Eigenschaften AP-basierter heller Papiere. Papiertechnische Stiftung, PTS-
      Forschungsbericht IK MF09185, München, 2012

43   Rauh, W.; Stolper, P.; Dietzel, S.; Schiller A. & Joos-Müller, B.: Recyclability of products printed
      with UV-curable inks. Papiertechnische Stiftung, Deinking-Symposium, München, April 2012

44   Strauß, J.; Hanecker, E. & Manoiu, A.: Verbesserung der Deinkstoffqualität durch Beeinflussung
      des Restdruckfarbenanteils im deinkten Faserstoff während des Aufbereitungsprozesses.
      Papiertechnische Stiftung, PTS-Forschungsbericht IGF 15078N, München, 2009

45   Ruzinsky, F.; Wang, M.H. & Bennington, C.P.J.: Characterizing dispersion in newsprint deinking
      operations. – In: Pulp and Paper Canada 104 (2003) 8, T202-T207

46   Kemppainen, K.; Körkkö, M. & Niinimäki, J.: Fractional pulping of toner and pigment-based inkjet
      ink printed papers – ink and dirt behavior. – In: BioResources 6 (2011) 3, S. 2977–2989

47   Zhao, Y.; Deng, Y. & Zhu, J.Y.: Roles of Surfactants in Flotation Deinking. – In: Progress in
      Paper Recycling, 14 (2004) 1, S. 41-45

48   Beneventi, D.; Allix, J.; Zeno, E. & Nortier, P.: Influence of surfactant concentration on the ink
      removal selectivity in a laboratory flotation column. – In: International Journal of Mineral
      Processing 87 (2008) 3, S. 134-140

49   Zeno, E.; Huber, P.; Rousset, X.; Fabry, B. & Beneventi, D: Enhancement of the Flotation
      Deinking Selectivity by Natural Polymeric Dispersants. – In: Industrial & Engineering Chemistry
      Research, 49 (2010) 19, S. 9322-9329

50   Allix, J.; Beneventi, D.; Zeno, E. & Nortier, P.: Flotation deinking of 50% ONP/ 50% OMG
      recovered-papers mixtures using nonionic surfactant, soap and surfactant/soap blends.
      – In: BioResources 5 (2010) 4, S. 2702-2719

51   Abd El-Khalek, M.A.: Performance of different surfactants in deiniking flotation process. – In:
      Elixir Applied Chemistry 46 (2012), S. 8147-8151

52   Schrinner, T.; Handke, T. & Grossmann, H.: Adsorption Deinking – Latest Results for more
      Energy Efficient Solutions in Paper Recycling. – In: TAPPI PEERS Conference 2013 – 10th
      Research Forum on Recycling, Green Bay, USA, 16.09.2013

53   Petzold, G. & Schwarz, S.: Investigation of an improved deinking process of waste paper – The
      influence of surface tension and charge in suspension on ink removal. – In: Colloids and
      Surfaces A: Physicochemical and Engineering Aspects, 480 (2015), S. 398-404

54   Handke, T. & Grossmann, H.: INGEDE Project 135 11 – "Adsorption Deinking". – In: 22nd
      INGEDE Symposium. München, 13.02.2013

55   Lauterborn, W.: Encyclopedia of Acoustics, Kapitel 25: Cavitation. S. 263. Editor: M.J. Crocker.
      4. Auflage, John Wiley & Sons, 1997

56   Honerkamp. J. & Römer, H.: Klassische Theoretische Physik: Eine Einführung. S. 170. 4.
      Auflage. Berlin: Springer Verlag, 2012

57   Heller, W.: Hydrodynamische Effekte und Wasserqualität, Institut für Strömungsmechanik TU
      Dresden. Habilitationsschrift. 2005

58   Caupin, F. & Herbert, E.: Caviation in water: a review. – In: Comptes Rendus Physique 7 (2006) 9, S. 1000-1017

59   Brennen, C.E.: Cavitation and Bubble Dynamics, Oxford Engineering Science Series (Book 44), Oxford University Press 1995

60   D. Kashchiev: Nucleation: Basic Theory with Applications. Oxford: Verlag Butterworth-Heinemann (Hrsg.), 2000

61   Knapp, R. T.; Daily, J. W. & Hammitt, F. G.: Cavitation. – In: McGraw-Hill Book Company, New York St. Louis San Francisco Düsseldorf London Mexico Panama Sydney Toronto (1970)

62   Güth, W.: Zur Entstehung der Stoßwellen bei der Kavitation. – In: Acta Acustica united with Acustica, 6 (1956) 6, S. 526-531

63   Toegel, R.; Gompf, B.; Pecha, R. & Lohse, D.: Does water vapor prevent upscaling sonoluminescence? – In: Physical review letters, 85 (2000) 15, S. 3165-3168

64   Storey; B. D. & Szeri, A. J.: Water vapour, sonoluminescence and sonochemistry. – In: Proceedings of the Royal Society of London. Series A: Mathematical, Physical and Engineering Sciences, 456 (2000) 1999, S. 1685-1709

65   Suslick, K. S.; Mdleleni, M. M. & Ries J. T.: Chemistry Induced by Hydrodynamic Cavitation. – In: Journal of American Chemical Society 119 (1997) 39, S. 9303-9304

66   Plesset, M.S. & Chapman, R.B.: Collapse of an initially spherical vapour cavity in the neighbourhood of a solid boundary. – In: Journal of Fluid Mechanics 47 (1971) 2, S. 283-290

67   Beyer, K. B. & H. Clausen-Schaumann: Mechanochemistry: The Mechanical Activation of Covalent Bonds. – In: Chemical Reviews 105 (2005) 8, S. 2921-2948

68   Hammitt, F.G.; Chu, P.T.; Cramer, V.F. & Wakamo, C.L.: Observations and Measurements of Flow in a cavitating Venturi. – In: The University of Michigan College of Engineering, Department of Nuclear Engineering, Technical Report No. 5, ORA Project 03424, 1962

69   Yan, Y. & Thorpe, R.B.: Flow regime transitions due to cavitation in the flow through an orifice. – In: International Journal of Multiphase Flow 16 (1990) 6, S. 1023-1045

70   Rudolf, P.; Hudec, M.; Gríger, M. & Štefan, D.: Characterization of the cavitating flow in converging-diverging nozzle based on experimental investigations. – In: EPJ Web of Conferences 67 (2014), S. 02101

71   Sayyaadi, H.: Instability of the cavitating flow in a venturi reactor. – In: Fluid Dynamics Research 42 (2010) 5, S. 055503-055522

72   Gogate, P.G. & Pandit, A.B.: Engineering Design Methods for Cavitation Reactors II: Hydrodynamic Cavitation. – In: AIChE Journal 46 (2000) 8; S. 1641-1649

73   Tullis, J.P. & Govindarajan, R.: Cavitation and size scale effects for orifices. – In: Journal of the Hydraulics Division 99 (1973) 3, S. 417-430

74   Plesset, M.S. & Prosperetti, A.: Bubble dynamics and cavitation. – In: Annual Review of Fluid Mechanics 9 (1977) 1, S. 145-185

75   Moholkar, V.S.& Pandit, A.B.: Bubble behavior in hydrodynamic cavitation: Effect of turbulence. – In: AIChE Journal 43(1997) 6, S. 1641-1648

76   Kumar, P.S. & Pandit, A.B.: Modelling Hydrodynamic Cavitation. – In: Chemical Engineering Technology 22 (1999) 12, S. 1017-1027

77   Gogate, P.G. & Pandit, A.B.: Engineering Design Method for Cavitational Reactors: I. Sonochemical Reactors. – In: AIChE Journal 46 (2000) 2, S. 372-379

78   Brennen, C.E.: An Introduction to Cavitation Fundamentals. – In: WIMRC FORUM 2011, Cavitation: Turbo-machinery & Medical Applications, 4-6 July 2011, University of Warwick, UK. http://resolver.caltech.edu/CaltechAUTHORS:20111208-111956559

79   Preston, A.; Colonius, T. & Brennen, E.: Towards Efficient Computation of Heat and Mass transfer Effects in the Continuu Model for Bubbly Cavitating Flows. – In: CAV 2001: Fourth International Symposium on Cavitation, June 20-23, 2001, California Institute of Technology, Pasadena, CA USA. http://resolver.caltech.edu/CAV2001:sessionB4.002

80   Kanthale, P.M.; Gogate, P.G.; Pandit, A.B. & Wilhelm, A.M.: Dynamics of cavitational bubbles and design of a hydrodynamic cavitational reactor: cluster approach. – In: Ultrasonics sonochemistry 12 (2005) 6, S. 441-452

81   Tomita, Y, & Shima, A.: Mechanisms of impulsive pressure generation and damage pit formation by bubble collapse. Journal of Fluid Mechanics, 169 (1986), S. 535-564

82   Buttenbender, J.: Über die Dynamik von Kavitationswolken. Dissertation, TU Darmstadt Fachbereich Maschinenbau, 2012. – In: Forschungsberichte zur Fluidsystemtechnik, P.F. Pelz (Herausgeber), ISBN 978-3-8440-1198-2

83   Caulet, P.J.C; Lans van der, R.G.J.M. & Luyben, K.C.A.M.: Hydrodynamical interactions between particles and liquid flows in biochemical applications. – In: The Chemical Engineering Journal 62 (1996) 3, S. 193-206

84   Prozorov, T.; Prozorov, R. & Suslick, K.S: High velocity interparticle collisions driven by ultrasound. – In: Journal of the American Chemical Society 126 (2004) 43, S.13890-13891

85   Moholkar, V.S.; P.S. Kumar & Pandit, A.B.: Hydrodynamic cavitation for sonochemical effects. – In:-Ultrasonics Sonochemistry 6 (1999) 1, S. 53-65

86   Weissler, A.; Cooper, H.W. & Snyder, S.: Chemical Effect of Ultrasonic Waves: Oxidation of Potassium Iodide Solutions by Carbon Tetrachloride. – In: Journal of American Chemical Society 72 (1950) 4, S. 1769-1775

87   Aerstin, F.G.P.; Timmerhaus, K.D. &.Fogler, H.S.: Effect of the Resonance Parameter on a Chemical Reaction Subjected to Ultrasonic Waves. – In: AIChE Journal, 13 (1967) 3, S. 453-456

88   Morison, K.R. & Hutchinson, C.A.: Limitations of the Weissler reaction as a model reaction for measuring the efficiency of hydrodynamic cavitation. – In: Ultrasonics Sonochemistry 16 (2009) 1, S. 176-183

89   Wang, W.; Wang, J.; Guo, P.; Guo, W. & Li, G.: Chemical effect of swirling jet-induced cavitation: Degradation of rhodamine B in aqueous solution. – In: Ultrasonic Sonochemistry 15 (2008) 4, S. 357-363

90   Kalumuck, K.M. & Chahine, G.L.: The use of cavitation jets to oxidize organic compounds in water.– In: Journal of Fluids Engineering 122 (2000) 3, S. 465-470

91   Viten'ko, T.N. & Gumnitskii, Y.M.: A Mechanism of the Activating Effect of Hydrodynamic Cavitation on Water. – In: Journal of Water Chemistry and Technology 29 (2007) 5, S. 231-237

92   Zhang, X.; Fu, Y.; Li, Z. & Zhao, Z.: The collapse intensity of cavities and the concentration of free hydroxyl radical released in cavitation flow. – In: Chinese Journal of Chemical Engineering 16 (2008) 4, S. 547-551

93   Capocelli, M.; Musmarra, D.; Prisciandaro, M. & Lancia, A.: Chemical effect of hydrodynamic cavitation: Simulation and experimental comparison. – In: AIChE Journal 60 (2014) 7, S. 2566-2572

94   Schmid, A.: Cavitation Selector For Reducing The Bulking Sludge Phenomenon. – In: 4th IWA World Water Congress, Marrakesch, September 2004, PID 115813.

95   Moholkar, V.S. & Pandit, A.B.: Modelling of hydrodynamic cavitation reactors: a unified approach. – In: Chemical Engineering Science 56 (2001) 21-22, S. 6295-6302

96   Gogate, P.R. & Pandit, A.B.: A review and assessment of hydrodynamic cavitation as technology for the future. – In: Ultrasonics Sonochemistry 12 (2005) 1, S. 21-27

97   Sivakumar, M. & Pandit, A. B.: Wastewater treatment: A novel energy efficient hydrodynamic cavitational technique. – In: Ultrasonic Sonochemistry 9 (2002) 3, S. 123-132

98   Chakinala, A.; Gogate, P.; Burgess, A. & Bremner, D.: Treatment of industrial wastewater effluents using hydrodynamic cavitation and the advanced Fenton process. – In: Ultrasonic Sonochemistry 15 (2008) 1, S. 49-54

99   Ambulkekar, G.V.; Samant, A. B. & Pandit, A. B.: Oxidation of alkylarenes using aqueous potassium permanganate under cavitation: Comparison acoustic and hydrodynamic techniques. – In: Ultrasonic Sonochemistry 12 (2005) 1, S. 85-90

100   M. Capocelli; Prisciandaro, M.; Lancia, A. & Musmarra, M.: Comparison Between Hydrodynamic and Acoustic Cavitation in Microbial Cell Disruption. – In: Chemical Engineering Transactions 38 (2014) 1, S. 13-18

101   Gogate, P.R. & Bhosale, G.S.: Comparison of effectiveness of acoustic and hydrodynamic cavitation in combined treatment schemes for degradation of dye wastewaters. – In: Chemical Engineering and Processing: Process Intensification 71 (2013), S. 59–69

102   Mahulkar, A.V.; Bapat, P.S.; Pandit, A.B. & Lewis, F.M.: Steam Bubble Cavitation. – In: AIChE Journal 54 (2008) 8, S. 1711-1724

103   Ocheretyanyi, S.A. &. Prokof'ev, V.V.: Effect of homogeneous condensation on the dynamics of a hot vapor bubble in a cold liquid jet. – In: Fluid Dynamics 31 (1996) 6, S. 842-847

104   Jayme, G. & Rosenfeld, K.: Eigenschaftsveränderungen von Zellstoffen durch Einwirkung von Ultraschall. – In: Das Papier 9 (1955) 13/14, S. 296-303

105   Jayme, G. ; Crönert, H. & Neuhaus, W.: Veränderung kolloidchemischer Eigenschaften von Zellstoff-Fasern durch hochfrequente Behandlung 1. Teil. - In: Das Papier. – 13 (1959) 23/24, S. 578-583

106   Mannig, A. & Thompson, R.: The Influence of Ultrasound on Virgin Paper Fibers. – In: Progress in Paper Recycling 11 (2002) 4, S. 6-12

107   Poniatowski, S.E. & Walkinshaw, J.W.: Ultrasonic Processing of Hardwood Fibers. – In: 2005 TAPPI Practical Papermaking Conference, May 22-26, Milwaukee, 2005

108   Tatsumi, D.; Higashihara, T.; Kawamura, S. & Matsumoto, T.: Ultrasonic treatment to improve the quality of recycled pulp fiber. – In: Journal of Wood Science 46 (2000) 5, S. 405-409

109   Laine, J. E. & Goring, D. A. I.: Einfluß von Ultraschall auf die Eigenschaften von Cellulosefasern. – In: Cellulose Chemistry and Technology 11 (1977) 5, S. 561-567

110   Grossmann, H.; Fröhlich, H. & Wanske, M.: The potential of ultrasound assisted deinking. – In: 9th Research Forum on Recycling, Marriott Norfolk Waterside, Norfolk, VA, USA, 18.-21.10.2010

111   Turai, L.L. & Teng, C-H.: Ultrasonic deinking of waste paper. – In: Tappi Journal 61 (1978) 2, S. 31-34

112   Turai, L.L. & Teng, C-H: Ultrasonic deinking of wastepaper – A pilot-plant study. – In: Tappi Journal 62 (1979) 1, S. 45-47

113   Manfredi, M., de Oliveira, R. C., da Silva, J. C., & Quezada Reyes, R. I.: Ultrasonic treatment of secondary fibers to improve paper properties. – In: Nordic Pulp & Paper Research Journal 28 (2013) 2, S. 297-301

114   Kozulin, Ju.V.: Untersuchung und Erarbeitung der Kavitationsmethode zur Entharzung von Sulfitzellstoff. Dissertation, Leningrad 1976

115   Belonogov, A.j M.; Efimov, A.V.; Gorbačev, L.A.; Solonizyn, R.A.; Vjukov, I. I. & Vorobev, G. A.: Anlage zur Bearbeitung von Suspensionen von Faserstoffen. – In: Deutsches Patent- und Markenamtamt, DE000002241673C2 (1982), https://depatisnet.dpma.de/

116   N.N.: Reisebericht über die Einholung technischer Informationen über den in der UdSSR/ VNPO Bumprom Leningrad entwickelten Kavitationsreaktor (Kavitator) zur Bearbeitung von Zellstoff, Holzschliff und Altpapierstoff mit dem Ziel einer Lizenznahme. 02. März 1901, VEB WTZ der Zellstoff- und Papierindustrie Heidenau

117   Goto, S.; Iimori, T.; Onoderaisao, I.; Tuji, Y. & Watanabe, K.: Apparatus for treating papermaking feedstock. – In: Deutsches Patent- und Markenamt, EP000001956135B1, Anmeldedatum: 02.11.2006

118   Goto, S.; Watanabe, K.; Tsuji, H. & Miyanishi, T.: Process for Producing Recycled Pulp, Method of Modifying Pulp Fiber Surface and Contaminant, and Pulp Treating Apparatus. – In: Deutsches Patent- und Markenamt, EP000001652999A1, Anmeldedatum: 02.08.2004

119   Goto, S.; Tsuji, H.; Onodera, I.; Watanabe, K. & Ono, K.: Cavitation jet deinking: a new technology for deinking of waste paper. – In: TAPPI Engineering, Pulping & Environmental Conference 2008, 24-27 August, Portland, Oregon

120   Ono, K.; Noda, T.; Ogimoto, M. & Goto, S.: The advantages of the cavitation jet refining for the improvement of fiber properties. – In: International Paper Physics Conference & 8th International Paper and Coating Chemistry Symposium, June 10-14, 2012 Stockholm, Sweden

121   Tyralski, T. & Biel-Tyralska, A.: The use of ultrasonic and hydrodynamic cavitation for treatment of mixed office waste. – In: Wochenblatt für die Papierfabrikation 6 (2009) 1, S. 6-10

122   Garcia, R.; Hammit, F.G. & Robinson, M.J.: Acoustic noise from a cavitating venturi. – In: Technical Report No. 1, The University of Michigan, Department of Nuclear Engineering, Laboratory for Fluid Flow and Heat Transport Phenomena, 1964

123   De, M.K. & Hammit, F.G.: Instrument system for monitoring cavitation noise. – In: Journal of Physics E: Scientific Instruments, 15 (1982) 7, S. 741-754

124   Quan, K.-M.; Avvaru, B. & Pandit, A.B.: Measurement and Interpretation of Cavitation Noise in a Hybrid Hydrodynamic Cavitating Device. – In: AIChE Journal 57 (2011) 4, S. 861-871

125   Koivula, T.: On cavitation in fluid power. – In: Proceedings of 1st. FPNI-PhD Symposium, Hamburg, Germany, September 20-22, 2000

126   Anbar, M. & Pecht, I.: On the Sonochemical Formation of Hydrogen Peroxide in Water. – In: Journal of Physical Chemistry 68 (1964) 2, S. 352-355

127   Wagberg, L. & Ödberg, L.: Polymer adsorption on cellulosic fibres. – In: Nordic Pulp and Paper Research Journal 4 (1989) 2, S. 135-140

128   Maloney, T.; Paulapuro, H. & Stenius, P.: Hydration and swelling of pulp fibers measured with differential scanning calorimetry. – In Nordic Pulp and Paper Research Journal 13 (1998) 1, S. 31-36

129   Park, S.; Venditti, R. A.; Jameel, H. & Pawlak, J. J.: Changes in pore size distribution during the drying of cellulose fibers as measured by differential scanning calorimetry. – In: Carbohydrate Polymers 66 (2006) 1, S. 97-103

130   Suslick, K.S.; Mdleleni, M. M. & Ries J. T.: Chemistry Induced by Hydrodynamic Cavitation. – In: J.Am. Chem. Soc. 119 (1997) 39, S. 9303-9304

131   Auret, J.G.; Damm, O.F.R.A.; Wright, G.J. & Robinson, F.P.A.: The influence of water air content on cavitation erosion in distilled water. – In: Tribology International 26 (1993) 6, S. 431-433

132   Wenninger, K.R.; Camara, C.G. & Puttermann, S.J.: Energy Focusing in a Converging Fluid Flow: Impliactions for Sonoluminescence. – In: Physical Review Letter 83 (1999) 10, S. 2081-2084

133   Grombach, P.; Haberer, K.; Merkl, G. & Trüeb, E.U.: Handbuch der Wasserversorgungstechnik. 3. Auflage. München - Wien: Oldenbourg Industrieverlag, 2000

134   Seth, R.S.:The importance of fibre straightness for pulp strength. – In: Pulp & Paper Canada 107 (2006) 1, S. 34-42

135   Xiling, Z.; Retulainen, E.; Heinemann, S. & Fu, S.: Fibre deformations induced by different mechanical treatments and their effect on zero-span strength. – In: Nordic Pulp and Paper Research Journal 27 (2012) 2, S. 335-342

136   Joutsimo, O.P. & Asikainen, S.: Effect of Fibre Wall Pore Structure on Pulp Sheet Density of
        Softwood Kraft Pulp Fibers. – In: BioResources 8 (2013) 2, S. 2719-2737

137   Maloney, T.C. & Paulapuro, H.: The Formation of Pores in the Cell Wall. – In: Journal of Pulp
        and Paper Science 25 (1999) 12, S. 431-436

138   Laine, C.; Wang, X.; Tenkanen, M. & Varhimo, A.: Changes in the fiber wall during refining of
        bleached pine kraft pulp. – In: Holzforschung 58 (2004) 3, S. 233-240

139   Brenner, T.: Einsatz hochfrequenter Druckwechselverfahren in der Stoffaufbereitung zur
        Steigerung der Festigkeit von Wellpappenrohpapieren. – In: Papiertechnische Stiftung, PTS-
        Forschungsbericht IGF 15741, München, 2012

140   Brouillette, F; Paradis; J. & Lafrenière, S.: Pilot Paper Machine Production of Newsprint Using
        High Filler Loads and Dry Strength Technologies. – In: Pulp & Paper Canada 111 (2010) 4, T77-
        T81

141   Ventura, C.A.F.; Garcia, F.A.P.; Ferreira, P.J. & Rasteiro, M.G: Flow dynamics of pulp fiber
        suspensions. – In: TAPPI Journal 7 (2008) 8: S. 20-26

142   Ventura, C.; Garcia, F; Ferreira, P. & Rasteiro, M.: Modeling the Turbulent Flow of Pulp
        Suspensions. – In: Industrial & Engineering Chemistry Research 50 (2011) 16, S. 9735-9742

143   Heath, S. J.; Olson, J. A.; Buckley, K. R.; Lapi, S.; Ruth, T. J. & Martinez, D. M.: Visualization of
        the flow of a fiber suspension through a sudden expansion using PET. – In: AIChE J. 53 (2007)
        2, S. 327–334

Die Schriftenreihe Holz- und Papiertechnik umfasst bisher folgende Bände:

Band 1: Christian Gottlöber: Ein Weg zur Optimierung von Spanungs-
prozessen am Beispiel des Umfangsplanfräsens von Holz und Holz-
werkstoffen. Dissertation, Technische Universität Dresden, 2006,
ISBN 3-86005-534-8

Band 2: Roland Zelm: Möglichkeiten zur Ressourceneinsparung bei der Pa-
pierproduktion am Beispiel von Feinpapierproduktionslinien. Dissertation, Technische Universität Dresden, 2006, ISBN 3-86005-533-X

Band 3: Alexander Pfriem: Untersuchungen zum Materialverhalten thermisch
modifizierter Hölzer für deren Verwendung im Musikinstrumenten-
bau. Dissertation, Technische Universität Dresden, 2007, ISBN 978-
3-86780-014-3

Band 4: Denis Eckert: Bewertung der Markierungsempfindlichkeit matt ge-
strichener grafischer Papiere und Möglichkeiten der Einflussnahme.
Dissertation, Technische Universität Dresden, 2010, ISBN 3-86780-
163-0

Band 5: André Wagenführ (Hrsg.): Tagungsband des 14. Holztechnologischen Kolloquiums Dresden 08.-09. April 2010, 2010, ISBN 987-3-
86780-167-6

Band 6: Matthias Wanske: Hochleistungs-Ultraschallanwendungen in der
Papierindustrie – Methoden zur volumenschonenden Glättung von
Oberflächen. Dissertation, Technische Universität Dresden, 2010,
ISBN 978-3-86780-176-8

Band 7: Daniel Heymann: Untersuchungen zur Flexibilisierung von Holz-
furnieren zum Einsatz im automobilen Innenausbau. Dissertation,
Technische Universität Dresden, 2011, ISBN 978-3-86780-206-2

Band 8: Max Britzke: Entwicklung einer kontinuierlich herstellbaren Sand-
wichplatte mit Papierwabenkern. Dissertation, Technische Universität Dresden, 2011, ISBN 978-3-86780-255-0

Band 9: André Wagenführ (Hrsg.): Tagungsband des 15. Holztechnologischen Kolloquiums Dresden 29.-30. März 2012, 2012, ISBN 987-3-
86780-266-6

Band 10: Mario Zauer: Untersuchung zur Porenstruktur und kapillaren Was-
serleitung im Holz und deren Änderung infolge einer thermischen
Modifikation. Dissertation, Technische Universität Dresden, 2012,
ISBN 978-3-86780-276-5

Band 11: Tilo Gailat: Entwicklung eines Prüfverfahrens zur Quantifizierung des Mineraliengehaltes von gestrichenen und ungestrichenen Papieren. Dissertation, Technische Universität Dresden, 2012, ISBN 978-3-86780-284-0

Band 12: André Wagenführ (Hrsg.): Tagungsband des 16. Holztechnologischen Kolloquiums Dresden 03.-04. April 2014, 2014, ISBN 978-3-86780-385-4

Band 13: Toni Handke: Neue Wege in der stofflichen Aufbereitung von Halbstoffen zur Papierherstellung. Dissertation, Technische Universität Dresden, 2015, ISBN 978-3-86780-424-0

Band 14: André Wagenführ (Hrsg.): 60 Jahre Lehrstuhl Holz- und Faserwerkstofftechnik an der TU Dresden – Eine Chronik (1955-2015), 2015, ISBN 978-3-86780-447-9

Band 15: André Wagenführ (Hrsg.): Tagungsband des 17. Holztechnologischen Kolloquiums Dresden 28.-29. April 2016, 2016, ISBN 978-3-86780-476-9

Band 16: Martina Härting: Einfluss des Papiers auf die Bildwiedergabe im Rollen- und Bogenoffsetdruck. Dissertation, Technische Universität Dresden, 2016, ISBN 978-3-86780-492-9

Band 17: Tobias Brenner: Anwendung von Ultraschall zur Verbesserung der Papierfestigkeit durch Beeinflussung der Fasermorphologie. Dissertation, Technische Universität Dresden, 2016, ISBN 978-3-86780-494-3

Band 18: Tiemo Arndt: Hydrodynamische Kavitation zur Faserstoffbehandlung in der Stoffaufbereitung der Papierherstellung. Dissertation, Technische Universität Dresden, 2016, ISBN 978-3-86780-495-0